中国河口海岸滩涂资源及利用

白玉川　徐海珏　宋晓龙　贾　奥　著

科学出版社

北　京

内 容 简 介

本书以中国河口海岸滩涂为研究对象，重点介绍环渤海地区、江苏沿海、浙江沿海的滩涂资源分布及利用模式。全书分为 4 章，第 1 章概述了河口海岸滩涂利用模式；第 2 章在地形地貌、水文和生物等方面对研究区域的概况进行了介绍；第 3 章通过遥感方法对滩涂进行分析，包括岸线长度、滩涂面积及其时空演变；第 4 章通过遥感机器学习和目视解译相结合的方法进行滩涂利用模式分类和统计分析，统计分析包括各种利用类型的面积及其时空演变趋势。

本书可供港口海岸与近海工程、海洋工程、水利工程及其他相关专业本科生和研究生学习使用，也可供相关领域的工程技术人员参考使用。

审图号：GS 京（2024）1095 号

图书在版编目（CIP）数据

中国河口海岸滩涂资源及利用 / 白玉川等著. —北京：科学出版社，2024.6
ISBN 978-7-03-077828-4

Ⅰ．①中… Ⅱ．①白… Ⅲ．①河口–海涂资源–资源利用–中国 Ⅳ．①P748

中国国家版本馆 CIP 数据核字（2024）第 021676 号

责任编辑：朱 瑾 习慧丽 / 责任校对：宁辉彩
责任印制：肖 兴 / 封面设计：无极书装

科 学 出 版 社 出版
北京东黄城根北街 16 号
邮政编码：100717
http://www.sciencep.com
北京建宏印刷有限公司印刷
科学出版社发行 各地新华书店经销
*
2024 年 6 月第 一 版 开本：787×1092 1/16
2024 年 6 月第一次印刷 印张：13 3/4
字数：330 000
定价：198.00 元
（如有印装质量问题，我社负责调换）

前　言

河口海岸滩涂资源是重要的自然资源，不仅在生态保护、生物多样性维护和防灾减灾中发挥着关键作用，也为沿海经济发展提供了宝贵的土地空间和资源保障。随着社会经济的发展和人口的增加，滩涂资源的开发利用日益受到重视。然而，开发利用过程中，如何科学合理地开发和保护这些资源成为重要课题。

本书在国家重点研发计划"水资源高效开发利用"重点专项中"河口海岸滩涂资源保护与高效利用关键技术研究及应用"项目第五课题"滩涂资源高效利用模式与滩涂保护及绿色海堤建设技术"（2018YFC0407505）的支持下，旨在研究和揭示我国典型区域河口海岸滩涂资源的分布特征、利用模式及演变规律。通过对典型区域的深入研究，我们希望为滩涂资源的可持续利用和科学管理提供理论支持和实践参考。

本书结合最新的遥感技术和地理信息系统（GIS）分析方法，对我国主要河口海岸滩涂资源进行了剖析。全书共分为4章，涵盖了河口海岸滩涂资源的基础概况、典型区域特征、资源分布及其时空演变、利用模式及其演变趋势等内容。

第1章概述河口海岸滩涂利用模式。首先，严格界定了河口海岸滩涂的内涵。然后，讨论了全球及我国滩涂分布特征，并对国内外滩涂利用模式进行了比较分析。

第2章介绍了环渤海地区、江苏沿海和浙江沿海三个典型区域的概况，包括滩涂地质与地形地貌特征、水文特征和生物特征等。

第3章利用Landsat遥感影像数据，结合GIS技术，对环渤海地区、江苏沿海和浙江沿海三个典型区域的滩涂资源分布进行了详细的时空演变分析。①数据获取及解译：介绍了Landsat遥感影像数据的获取、预处理及滩涂分布遥感解译模型。②岸线演变特征：分析了三个典型区域的岸线变化趋势，揭示了各区域滩涂资源的动态变化特征。③滩涂时空分布特征：通过遥感数据分析，揭示了三个典型区域滩涂资源的时空分布规律及其变化趋势。

第4章分析了滩涂利用模式分布及演变。首先，介绍了基于随机森林分类和目视解译的滩涂利用模式分类方法，讨论了环渤海地区、江苏沿海和浙江沿海三个典型区域滩涂利用模式的分布及变化趋势，总结了各典型区域滩涂利用模式的演变特征，分析了影响滩涂利用模式变化的主要因素。

滩涂资源的合理开发和利用，对于维护沿海生态环境、促进区域经济发展具有重要意义。本书通过系统的研究，为滩涂资源的开发利用提供了科学依据和参考框架。本书的研究成果在生态保护、土地利用规划、防灾减灾及环境监测等方面具有重要的应用价值。

2018级硕士研究生贾奥，2019级硕士研究生史丰硕和粟雅馨，2020级硕士研究生陈友俊、博士研究生温志超和梁栋，以及冀自青讲师和黄哲副研究员等，先后参加了本书的研究工作或以不同方式为本书的完成作出了贡献，在此对他们表示由衷的感谢。此外，限于作者的水平，书中难免存在不足之处，敬请读者批评指正。

作者

2024年6月

目　录

第1章 河口海岸滩涂利用模式概述

滩涂包括河道滩涂、河口滩涂和海岸滩涂。河口海岸滩涂通常是指由潮流、波浪等自然要素引起的在短时间内水陆发生变动的区域，其具有水相和陆相两种特征。河口海岸滩涂在国民经济中的地位举足轻重，具有较高的资源、经济、生态和文化价值。本章主要介绍滩涂及其分布特征，以及国内外滩涂利用模式。

1.1 滩涂及其分布特征

1.1.1 全球滩涂分布特征

从世界范围来看，目前滩涂仍然是重要的后备土地资源，同时也是重要的湿地资源。滩涂作为水陆变动区，是由水体向陆地的过渡地带，通常是指被潮汐或季节性水体淹没的淤泥质、基岩或砂质裸地，其独特的地理位置和自然特性对城市空间拓展、生物多样性保护、环境污染物降解、风暴潮侵袭缓冲、海岸结构物保护等具有重要意义[1-10]。

我国滩涂资源丰富，潮间带光滩总面积超过 1.2 万 km^2，世界排名第二[11]。在环渤海地区、江苏沿海和浙江沿海等地分布着我国主要的典型河口海岸滩涂[1]。我国海岸带人口密集，超过 70%的大城市和 50%的人口集中分布在东部和南部沿海地区，因此，人类生产活动对滩涂空间分布产生了广泛而深刻的影响。滩涂的开发利用在拓展城市空间、提升经济收入的同时，也会带来生物栖息地破坏和环境污染等问题[12, 13]。伴随着海平面上升、河流来沙量减少等自然因素的影响[14-17]，滩涂资源正面临人类和自然的双重压力。党的十九大报告提出"坚持陆海统筹，加快建设海洋强国"，在此背景下，平衡经济发展和海岸带资源保护，实现海岸带资源的可持续利用是国家未来发展的重大战略需求[18, 19]。因此，如何实现滩涂资源保护和开发利用之间的平衡、滩涂资源的可持续利用，逐渐成为焦点问题。

根据 Murray 等[11]的研究，2014~2016 年全球潮间带滩涂面积约为 127 921km^2，主要分布在亚洲（44%）、北美洲（15.5%）和南美洲（11%）。1984~2016 年，滩涂面积减小约 16.02%。

1.1.2 我国沿海滩涂资源类型及其特征

我国河流每年挟带入海的泥沙量为 $1.7×10^9$~$2.6×10^9$t，平均约 $2.0×10^9$t。泥沙在沿海沉积形成滩涂，使我国滩涂资源不断增加。滩涂资源主要分布在平原海岸，渤海占 31.3%，黄海占 26.8%，东海占 25.6%，南海占 16.3%。

河口海岸滩涂不仅是重要的后备土地资源，还是重要的湿地资源，具有蓄洪抗旱、稳定海堤、缓冲风暴潮侵袭、控制土壤侵蚀、促淤造陆、保护生物多样性、补充地下水、降解环境污染物等功能[2]。滩涂资源的合理开发利用、科学保护和有效管理，对于促进经济社会可持续发展、保障防洪安全、维护河口河势稳定、增强供水保障和保护生态环境等都具有十分重要的意义。我国海域接纳多条世界级大江大河，泥沙来源丰富，在提高海岸防御能力、增加潜在土地资源和保护生物多样性等方面发挥着重要作用。随着沿海经济的快速发展，利用滩涂拓展发展空间，已成为沿海突破土地资源"瓶颈"、推动经济社会发展的重要途径。近几十年来，高强度的滩涂开发已使得海岸滩槽动力地貌格局发生变化，带来沿海生态、自然环境、洪潮灾害及社会经济等诸多问题。滩涂资源保护与高效利用已成为事关我国沿海经济持续发展的重大问题之一。未来 50 年，我国仍然有可能利用滩涂再造 10 000～15 000km² 土地的生存空间。因而，因地制宜、科学合理地开发利用和保护滩涂资源，对于保护和改善海洋生态环境、缓解用地需求矛盾、促进经济社会的可持续发展等都具有十分重要的战略意义[6]。

我国沿海滩涂主要有泥滩、沙滩、岩滩和生物滩 4 种基本类型[1]。泥滩又称潮滩、海涂，为淤泥质海岸潮间带浅滩，占我国沿海滩涂总面积的 80% 以上，主要分为平原型和港湾型两种类型。其中，平原型潮滩在我国主要分布于环渤海地区、江苏沿海、浙江沿海等区域。

渤海是我国内海，也是西太平洋的一部分，位于辽东半岛和胶东半岛之间。渤海面积约为 7.8 万 km²，平均水深约为 18m，从海湾向渤海海峡逐渐加深，整个海区海底平坦，坡度较小。环渤海地区是重要的经济带，由于城市发展，围填海和盐田建设对滩涂的时空分布影响巨大，特别是近 30 年来水陆变迁变化较大，属于典型的人类活动占主导作用的滩涂分布区域，因此其滩涂分布、滩涂利用模式及其适宜性评价对滩涂资源的开发利用和保护都有重要意义。

环渤海地区的滩涂利用模式主要包括：保护性农业综合开发利用模式、鱼塘-台地立体生态利用模式、农田生态林网建设模式、滨海草地综合改良模式、绿色环保产业与海水养殖模式、海侵防治保高产技术模式、生态旅游开发利用模式等[20]。

环渤海地区滩涂开发利用存在诸多问题，主要表现为：环境污染严重，生物种群减少，淡水资源短缺，海水入侵倒灌严重，产业部门之间用地矛盾突出，滩涂开发利用程度低及效益差等。

近 20 多年来，由于沿海地区经济发展需求不断增长，我国加快了在渤海、黄海、东海沿岸的围垦。沿海大规模滩涂围垦工程的实施可能会直接改变海岸的轮廓及近岸海域的海底地形，从而会对海洋动力环境产生长远的影响。围垦方案实施后，海域地形和海洋动力环境之间将通过相互作用达到一个新的平衡状态。沿海滩涂的围垦使天然潮滩转换为人工海岸，使潮滩失去了对潮能的存储与耗散作用，导致剩余潮汐能的重分布，从而使沿岸潮差、无潮点位置发生改变，而沿岸潮差的增加可能使风暴潮等海洋灾害更加严峻。此外，对于涨潮占优的区域，失去了天然潮滩的缓冲作用，向岸的净泥沙输运增加，带来严重的淤积问题；而对于落潮占优的区域，海岸侵蚀将加剧，对已围垦的土地造成不利影响。

渤海湾沿岸潮差中等，但受历史上多条河流挟带大量泥沙入海的影响，加上涨潮流速大于落潮流速的动力条件，以及存在南、北两岸沿海平均流速为 10cm/s 左右流向湾顶的余流，使渤海湾沿岸发育出我国典型的集中连片、宽广低平的滩涂，且滩涂面积随河流入海泥沙淤积而不断增长。南京水利科学研究院、天津大学等单位曾选取渤海湾典型区域进行分析，研究滩涂开发对潮波、潮流、进出潮量等水动力环境的影响。结果表明，主要河口的潮差和流速总体上呈增加趋势，而工程区前沿的潮差和流速均呈减小趋势。

滩涂围垦占用了一定的滩涂空间，必然对海岸带生态环境和潮滩湿地、生物多样性及其他海洋资源产生一定的影响。一方面，随着沿海滩涂的开发利用，工业、农业、水产养殖业等不断发展，陆源污染物排放将对海岸带生态环境造成负面影响，例如，含有氮、磷、有机质等的污染物排放将导致近岸水体的营养盐浓度升高，水质变差，引发诸如海岸带的海洋资源与生态承载力下降等环境问题。另一方面，滩涂围垦将直接造成天然湿地减少，间接影响生存在潮间带和辐射沙脊群的物种，失去栖息场所的生物将面临种类和数量下降。

江苏沿海滩涂位于黄海之滨，自 1995 年以来，江苏提出了“海上苏东”的发展战略，确立了“九五”百万亩①滩涂加速围垦开发，以及建设新粮棉生产基地的计划。“九五”期间，新围滩涂 3.6 万 hm²，垦荒利用、改造滩涂中低产田 3.07 万 hm²，截至 2001 年年底共新围滩涂 4.27 万 hm²，年垦殖利用 0.73 万 hm² 以上，滩涂的社会总产值由 1995 年的 114.2 亿元增加到 2001 年的 246 亿元，其间滩涂共生产粮食 138 万 t、棉花 9.6 万 t、水产品 5.4 万 t。通过“九五”开发，滩涂对沿海地区的经济支持和辐射带动作用越来越大[21]。“十五”以来，新一轮的百万亩滩涂开发工程得以实施，完成新围潮上带滩涂 1.33 万 hm²，开发已围滩地 3.33 万 hm²，新增高涂及潮间带养殖面积 2 万 hm²。“十一五”以来，共规划垦区 24 块，总面积为 3.33 万 hm²，经过数年脱盐后可形成耕地 2.4 万 hm²。初期新增耕地 1.17 万 hm²，发展水产养殖 1.17 万 hm²，建设海堤防护林 0.22 万 hm²，新增农田防护网 0.13 万 hm²。到“十一五”末，南通共围垦 1.95 万 hm²，主要用于港口、城镇、能源、临港产业、高效设施渔业等。“十二五”期间实施了 18 万 hm² 滩涂围垦规划。2010～2020 年，江苏沿海滩涂围垦总规模 18 万 hm²，围垦分为 3 个阶段实施，将沿海滩涂建成新型港口工业区、现代农业基地、新能源基地、生态休闲旅游区和宜居的滨海新城镇，将江苏沿海地区建设成为中国东部地区重要的经济增长极。根据“十二五”滩涂围垦规划布局，到 2015 年，匡围滩涂 3.06 万 hm²，建设海堤 84km，新增海水、淡水产品养殖用地 1.47 万 hm²，新增耕地 0.2 万 hm²，新增工业及建设用地 0.22 万 hm²、生态用地 0.67 万 hm²。截至 2013 年 7 月，已完成匡围 1.47 万 hm²。大规模的滩涂开发利用，保障了全省粮棉油、畜禽、水产、蔬菜等农副产品的供应，保证了省内耕地的“占补平衡”，促进了当地经济社会的发展，也为全省经济的发展作出了重要贡献[22]。

---

① 1 亩≈666.7m²。

对于经济发达的大省，土地资源弥足珍贵。浙江位于我国东南沿海的长江三角洲南翼，全省陆域面积为 10.18 万 km²，是我国陆域面积较小的省份。此外，浙江又是我国的海洋大省，所属的领海和内海面积为 4.24 万 km²，连通毗邻的专属经济区及大陆架总面积达到 26 万 km²。浙江经济发达，人多地少，沿海地区聚集了全省 2/3 的人口，创造了全省 4/5 的产值[23]。土地资源匮乏是制约浙江沿海地区发展的主要因素，然而，浙江濒临东海，滩涂资源丰富，滨海海域辽阔，港湾和岛屿众多，海岸线曲折漫长，达 6500km，居全国首位。在海岸水流与风浪等动力作用下，来自入海河流和大陆架的大量泥沙堆积，形成了以堆积地貌为主的海岸滩地，为浙江提供了十分丰富的滩涂资源。

浙江的滩涂资源占全国滩涂资源总量的 13%左右，基本处于动态相对稳定状态。由于浙江人地矛盾突出，开发利用沿海滩涂资源一直是缓解矛盾的主要途径。近年来，滩涂围垦是浙江新增土地资源、开发利用滩涂资源的主要途径和规划路线。滩涂围垦方法是改造、垦殖浅海滩地的方法，在保证浙江沿海（江）防台御潮、防灾减灾的前提下，培育了新的经济增长点，提升了岸线、码头港口、航道、旅游等资源的开发能力，促进了海洋经济带的可持续发展。据 2010 年统计，浙江围垦区已开发利用的面积仅占浙江土地总面积的 1.85%，而其生产总值占浙江生产总值的 21.45%，围区内建设开发逐渐成为浙江国民经济发展的支柱。因此，在保护生态的前提下，科学开发和利用滩涂资源，研究滩涂资源高效利用模式，使滩涂资源发挥最大效用，既可实现生态上的可持续发展，又能保证经济上的可持续发展，具有重大的战略意义。研究浙江的滩涂资源开发利用情况和适宜性等，也将为浙江实现经济安全健康增长提供有力保障。

1.2　滩涂利用模式

国内外常见的滩涂利用模式主要包括农业、工业-港口-城镇、盐田-养殖场、生态保护等。以下分别介绍国外和国内典型的滩涂利用模式。

1.2.1　国外滩涂利用模式

国外以农业为主的滩涂利用代表性工程为荷兰的须德海工程，荷兰在须德海工程的基础上创造了 1650km² 土地，主要用于农业发展和城市扩展[24]。以工业为主的滩涂利用代表性工程有日本太平洋沿岸填海工程和新加坡裕廊化工岛工程[25]，其中日本太平洋沿岸填海工程为工业发展和城市扩展提供了空间，使日本太平洋沿岸的工业带成为世界上最发达的工业带之一，建成了完整的石油和化工生产体系，化工产值占制造业总产值的30%左右。以服务业为主的滩涂利用代表性工程为阿联酋迪拜人工岛工程，该工程延展了迪拜的海岸线，为迪拜打造旅游休闲城市奠定了基础。以下对国外典型的滩涂利用模式进行简要介绍。

须德海工程位于荷兰北部，1920 年开始动工，1968 年竣工，是一项大型的挡潮围垦工程。该工程将须德海与外海隔离开，通过排咸纳淡使须德海成为淡水湖，进而分区开垦土地，使其可以满足工农业、养殖业以及城镇化的需求。

三角洲工程位于荷兰南部，主要是对莱茵河、马斯河和斯海尔德河下游的三角洲地区进行治理，1956 年开始动工，1986 年竣工。该工程主要包括修建挡潮闸坝以及水道控制闸，缩短了 700km 的海岸线，使荷兰南部摆脱了水患的威胁，改善了交通条件，促进了经济的发展。

新万金工程位于韩国全北特别自治道西海岸，1989 年开始动工，2006 年合围，通过围海造地 283km²。最初的目的是打造农业生产基地，在 2009 年后开发方向改变为建设以经济为中心的综合城市，但在生态方面造成了候鸟迁徙栖息地的破坏等问题。

日本关西机场是世界上第一座完全通过填海造陆的方式提供地域建造的机场，位于日本泉州近海，1987 年开始动工，1994 年建设完成。该工程的建设既满足了日本关西地区的航空需求，又克服了日本可用陆地资源紧张的问题，作为坐落在海上的人工岛上的机场，甚至可以 24h 连续运行。

1.2.2　国内滩涂利用模式

国内滩涂的利用模式，由盐田、养殖场等初级的利用模式逐渐转变为城镇和港口等高产出的利用模式[26]。第一阶段为新中国成立初期的盐田建设，如 1958 年投入建设的海南莺歌海盐场；第二阶段为 20 世纪 60～70 年代的滩涂围垦；第三阶段为 20 世纪 80 年代中后期至 90 年代初期的养殖场建设；第四阶段为 21 世纪以来的城市和港口等建设，如河北曹妃甸工业区、天津港、龙口人工岛等。

以下从工业-港口-城镇、盐田-养殖场、农业、生态保护等方面对国内典型的滩涂利用模式进行简要介绍。

1.2.2.1　工业-港口-城镇

图 1-1 为 1984 年与 2020 年曹妃甸港区卫星遥感影像。河北省唐山市曹妃甸新区开发建设是我国"十一五"规划期间（2006～2010 年）全国最大的项目集群，2020 年前的 15 年左右曹妃甸新区（主体为曹妃甸工业区）计划完成开发建设总投资达 2 万亿元，2010 年曹妃甸新区生产总值达到 1500 亿元，财政收入达到 150 亿元，港城建成区面积达到 150km²。曹妃甸甸头向前延伸 500m，水深达 25m，甸前深槽水深 36m，为渤海最低点；建设 30 万 t 级大型深水码头无须开挖航道，不冻不淤；后方陆域有 150km² 的滩

图 1-1　1984 年（a）与 2020 年（b）曹妃甸港区卫星遥感影像

涂可供开发利用，具备建成以钢铁、石化等大型临港工业为主的工业港条件。可以说，曹妃甸是渤海湾内最后一个建设大型深水码头的优良港址。除水深优势之外，曹妃甸的区位优势同样明显，西距天津港 70km，东距京唐港 60km、秦皇岛港 170km，北距唐山市区 80km，距北京市 220km，四通八达的交通运输网沟通了曹妃甸与我国"三北"地区的联系，从而将整个"三北"地区纳入自己的腹地。

图 1-2 为 1984 年与 2020 年天津港卫星遥感影像。天津港位于天津市滨海新区，地处渤海湾西端，背靠雄安新区，辐射东北、华北、西北等内陆腹地，连接东北亚与中西亚，是京津冀的海上门户，是中蒙俄经济走廊东部起点、新亚欧大陆桥重要节点、21世纪海上丝绸之路战略支点。清咸丰十年（1860 年），天津港对外开埠，成为通商口岸；1952 年 10 月 17 日，天津港重新开港。截至 2019 年，天津港港口岸线总长 32.7km，水域面积 336km²，陆域面积 131km²。天津港主要由北疆、东疆、南疆、大沽口、高沙岭、大港六个港区组成。2018 年，天津港货物吞吐量达 44 604 万 t，外贸货物吞吐量达 25 864万 t。此外，2002 年，天津港启动了北大防波堤工程和东疆保税港区的围海工程，工程于 2004 年竣工；2005 年 5 月，天津港制定完成了东疆港区总体规划；2010 年，天津港着力进行南疆港区工业区的规划建设。

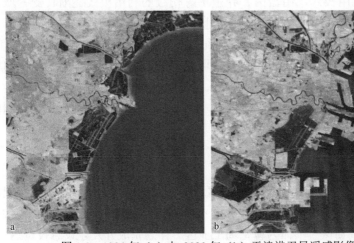

图 1-2　1984 年（a）与 2020 年（b）天津港卫星遥感影像

图 1-3 为 1990 年与 2020 年龙口人工岛群遥感影像。该人工岛群位于山东省龙口市的渤海龙口湾南部海域。该工程北起龙口港主航道南约 2km 处，东起现有岸线，西侧、南侧至龙口、招远海域分界线，是山东"集中集约用海"九大核心区之一。该工程将建设 7 个人工岛，它是国家投资了 1000 亿元打造的中国第一大、世界第四大的人工群岛，是渤海湾投资最大的一项工程，总占地面积 45km²。龙口裕龙石化产业基地位于龙口市西部，总规划面积约 50.41km²，其中陆地面积约 45.11km²，水域面积约 5.30km²。按照"一体化、集约化、大型化、园区化、高端化、清洁化、国际化"的思路，规划建设产业规模合理、功能分区明确、项目布局有序、公用设施完善、资源能源节约、生态环境和谐、管理服务高效、安全、环保的世界一流产业基地。

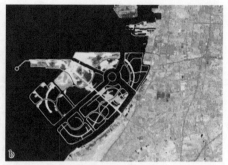

图 1-3　1990 年（a）与 2020 年（b）龙口人工岛群遥感图像

图 1-4 为 1990 年与 2020 年广东省深圳市宝安区以及南山区的围填海建设区域遥感图像。近 30 年的时间里，填海造陆为深圳市的城市发展提供了广阔的土地空间资源，为住宅区、商业区、码头、科技园区等的建设开发提供了有力支撑。

图 1-4　1990 年（a）与 2020 年（b）广东省深圳市宝安区以及南山区的围填海建设区域遥感图像

1.2.2.2　盐田-养殖场

我国盐田和养殖场建设历史悠久，如长芦盐场、辽东湾盐场、两淮盐场、莱州湾盐场及辽河口西侧、滦河口等重要养殖场。早期滩涂围垦中盐田和养殖场建设成本低，且与传统农业相比产出相对较高，近年来发展迅速，通过在滩涂区域围海建设养殖场，养殖经济水产品如海参等，获取经济效益。图 1-5～图 1-8 为 1984 年与 2020 年我国沿海地区部分盐田-养殖场建设情况。

图 1-5　1984 年（a）与 2020 年（b）长兴岛附近盐田-养殖场建设情况

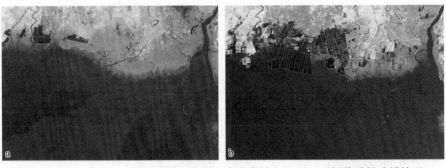

图 1-6　1984 年（a）与 2020 年（b）辽宁省盘锦市辽河口西侧养殖场建设情况

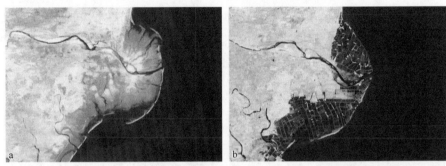

图 1-7　1984 年（a）与 2020 年（b）滦河口附近盐田-养殖场建设情况

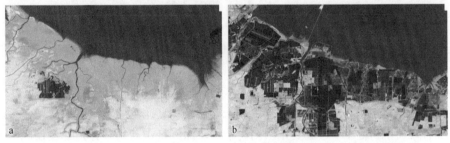

图 1-8　1984 年（a）与 2020 年（b）渤海湾南部海岸盐田-养殖场建设情况

1.2.2.3　农业

近年来，江苏沿海滩涂在新增的陆地上大量开垦，建设了较多的农田（图 1-9）。

图 1-9　1984 年（a）与 2020 年（b）扁担港至大洼港海岸线附近农田建设情况

1.2.2.4　生态保护

图 1-10 为 1984～2020 年黄河三角洲演变。其中，山东黄河三角洲国家级自然保护区是以保护新生湿地生态系统和珍稀濒危鸟类为主的湿地类型自然保护区，地处渤海之滨，位于东营市新老黄河入海口两侧，1992 年经国务院批准建立国家级自然保护区，设一千二、黄河口、大汶流三个管理站，总面积 15.3 万 hm²，其中陆地面积 82 700hm²，潮间带面积 38 250hm²，低潮时−3m 浅海面积 32 050hm²。2013 年 10 月 24 日，在第三届中国湿地文化节暨东营国际湿地保护交流会议上，国际湿地公约组织负责人宣布，经国际湿地公约组织最新确定，包括黄河三角洲国家级自然保护区在内，中国的五个国家级自然保护区被正式列入《国际重要湿地名录》。

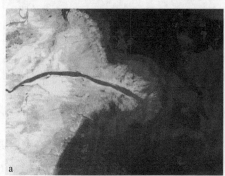
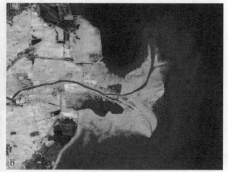

图 1-10　1984 年（a）至 2020 年（b）黄河三角洲演变

图 1-11 为 1984～2020 年辽河三角洲演变。其中，辽宁辽河口国家级自然保护区位于辽宁省盘锦市大洼区和辽河口生态经济区内，总面积 80 000hm²，是以丹顶鹤、黑嘴鸥等多种珍稀水禽和河口湿地生态系统为主要保护对象的野生动物类型自然保护区，湿地类型以芦苇沼泽、河流水域和滩涂为主。辽宁辽河口国家级自然保护区生物资源极其丰富，是多种水禽的繁殖地、越冬地和众多迁徙鸟类的驿站。该保护区 1985 年经盘锦市人民政府批准建立，作为市级水禽自然保护区管理；1987 年经辽宁省人民政府批准，晋升为省级自然保护区；1988 年经国务院批准，晋升为国家级自然保护区；2015 年 7 月 20 日经国务院批准，辽宁双台河口国家级自然保护区正式更名为辽宁辽河口国家级自然保护区。

图 1-11　1984 年（a）至 2020 年（b）辽河三角洲演变

图 1-12 为 1984～2020 年新河口及鸽子窝湿地演变。其中，鸽子窝公园（又称鹰角公园）位于北戴河海滨的东北角，毗邻滨海大道，是秦皇岛市北戴河风景名胜区四大景区之一。游鸽子窝最为引人的项目是观看日出，在鸽子窝观看日出时常常可见到"浴日"的奇景。每年春秋时节，数以万计的珍稀候鸟在这里觅食、停留，成为又一大景观。20世纪 90 年代末，鸽子窝公园被设定为国家级鸟类自然保护区。鸽子窝公园正以崭新的姿态迎接八方游客。

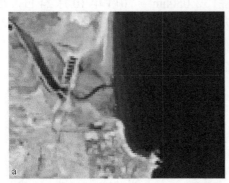

图 1-12　1984 年（a）至 2020 年（b）新河口及鸽子窝湿地演变

图 1-13 为 2000～2020 年秦皇岛市葡萄岛建设及附近岸线沙滩养护效果。其中，葡萄岛旅游综合项目是河北省重点工程建设项目，项目位于北戴河新区葡萄岛路一号，南侧为南戴河国际娱乐中心，北侧为南戴河旅游区。项目为人工填海造地工程，岛与陆地之间由桥连接，以游艇为主题的葡萄岛已完成填海造地工程。葡萄岛旅游综合项目定位是"旅游岛、游艇岛、智慧岛、生态岛、创意岛、总部岛"，其综合发展目标是成为北戴河、秦皇岛市、河北省乃至全中国、全世界有特色的旅游、度假、办公、会展的胜地。

图 1-13　2000 年（a）至 2020 年（b）秦皇岛市葡萄岛建设及附近岸线沙滩养护效果

第2章　研究区域概况

我国典型的河口海岸滩涂主要分布在杭州湾以北，其中以环渤海地区、江苏沿海和浙江沿海居多，本书主要论述环渤海地区、江苏沿海、浙江沿海的滩涂资源及利用。以下对各区域概况做简要介绍。

2.1　环渤海地区区域概况

环渤海地区是我国北方沿海的"黄金海岸"，分布于京津冀、辽东半岛和山东半岛三个发展区域，是继珠江三角洲、长江三角洲之后的又一经济发展区，也是我国的重点开发开放区域之一。

环渤海地区具有独特的地理位置，处于东北亚经济圈的核心地带，南面我国国内以及东南亚各国，东邻日本与韩国，北系俄罗斯和蒙古国，具有巨大的开发潜力和优势。环渤海地区以北京和天津两直辖市为中心，青岛、烟台、大连等沿海城市为前沿，沈阳、石家庄、济南、太原、呼和浩特等省会城市为后方支点，形成了具有政治、经济、文化、外交等功能的综合型区域。工业发展方面，环渤海地区是我国重工业和化工业的重要基地，是我国最大的工业密集区；科技人才方面，仅北京和天津两地的科研院所、高等院校的科技人员数量就占全国的 1/4；交通方面，环渤海地区拥有 40 多个港口，拥有以港口为中心，海陆空一体的立体化交通网络；自然资源方面，环渤海地区也较为丰富，涵盖包括油气、矿产、煤炭、旅游以及海洋资源等在内的众多资源；农业方面，环渤海地区也较为发达，拥有约 2656.5 万 hm^2 的耕地，粮食产量占全国粮食总产量的 23%，是我国重要的农业基地之一[27, 28]。

对环渤海地区的资源进行整合分析，能够更好地找到和凸显环渤海地区的资源优势，促进地区经济文化等产业繁荣发展。

2.1.1　环渤海地区滩涂地质与地形地貌特征

渤海湾盆地地处华北地块内部，其地质特征可以参考华北地块的地质构造特征，但与其相比也存在一定的差异。从发展历史上来看，渤海湾盆地的地质可以大致划分为两个主要时期，即中生代与新生代。

在前中生代（中生代的早期），我国整体的地势与现在相比存在较大差异。在此时期，我国东部区域受到大陆强烈隆起的影响，形成了明显的高原地势。在大陆隆起的同时，该地区也发生了岩浆活动、沉积建造、变质作用等地质活动。在中生代至新生代这一历史时期，发生了较为典型的地壳运动，如燕山运动以及喜马拉雅运动。受地壳运动的影响，我国的整体地势发生了较大变化，表现最为明显的是我国地势从曾经的东部高、西部低演变为如今的西部高、东部低。新生代之后，我国西南部地区受到印度板块挤压以及华北东部地区地幔热柱活动的影响，地势进一步抬升，华东地区发生裂陷，西部高、东部低的地势进一步演变形成。在地质特征上从西到东依次表现为：西部挤压造山带、中部克拉通块体群以及东部大陆裂谷带[29]。

自燕山运动发生以来，华北东部地区的地质区域构造演化趋势已不再是大规模的隆升，而是逐渐断裂下陷，构造热演化也不断减少。这与全球范围内大陆板块的分裂以及太平洋区域板块对华北东部地区的挤压有关，后者更是促进了渤海地区的地幔热柱的形成以及发展。在新近纪之前，尽管伸展构造作用使得华北东部地区的地质演变主要趋势是伸展断陷，但挤压构造仍然存在[30]。在新近纪之后，由于华北断陷的发生，华北地区（主要是渤海湾以及黄海区域）才发生大规模的整体沉降，形成华北断陷盆地，亦即华北近代沉降区。华北断陷盆地的四周被山岭或半岛包围，北侧为燕山、南侧为大别山、西侧为太行山，东侧为朝鲜半岛。华北断陷盆地与四者一起组成了盆岭耦合体系，体系的中心就是渤海地幔热柱[29]。

在地球动力学上，上述的盆岭耦合关系被称为有机组合关系。渤海地幔热柱控制着该地区的盆岭发展，使之逐渐演化，直至形成如今的构造格局。整体来看，华北东部盆岭区的构造演变趋势为隆升的幔隆，但其内部存在大范围的断陷盆地，断陷盆地形成的主要原因是地幔热柱的作用：地幔热柱顶部物质熔融形成玄武岩岩浆或基性岩墙，这些物质向上涌出使得地壳温度上升，进而开裂发生塌陷，形成断陷盆地。

在渤海地幔热柱的上部区域，分布有数量众多的幔枝构造。幔枝构造属于地幔热柱多级演化中的第三级构造，它是地幔中的塑态热物质在上升的过程中，在岩石圈范围内发生岩浆运动而形成的构造产物。在渤海地区，因为地幔物质的扩展趋势是呈半球形伸向外侧，而且存在地幔的位势差，所以地幔的一些熔融的软块发生脱离，这些脱离的熔融软块会被造山带的陡倾韧性剪切带切割，并沿着陡倾韧性剪切带继续向上侵入，形成侵入的基性岩浆，甚至是引起火山喷发。渤海地区幔枝构造的形成还受到岩浆密度的影响。由于渤海地区隆升地幔岩石的热熔作用，形成的中酸性岩浆的密度发生变化，下侧密度小，上侧密度大，加大了造山带隆升的速度以及幅度，形成隆起构造，其隆起中心就是形成幔枝构造的构造岩浆带。就岩石圈厚度而言，地幔热柱的顶部岩石圈厚度最薄，向外拓展岩石圈厚度会逐渐增加。幔枝构造的岩石圈厚度大于地幔热柱顶部的岩石圈厚度，如辽东、冀东、赞皇、小秦岭、张宣、阜平等和朝鲜半岛的平壤、釜华山等幔枝构造，其岩石圈厚度达到了 80～120km，在山岭区，如西侧的太行山以及北侧的燕山等处，甚至形成了明显的地幔阶差，其岩石圈厚度达到了 120～160km。

渤海地幔热柱对地质特征的影响主要表现为：在地幔热柱的中心区域留有一块陆地（即华北东部胶东-鲁西地块），地幔物质以该中心为轴向四周脱离，导致该陆地的四周均为断陷盆地，同时形成地壳厚度突变地带、重要的成矿带以及地震的多发地带[31]。

潮滩即泥质滩涂，在堆积平原多有分布，也分布于大河的河口区域以及海湾处。潮滩的出现有时也伴随着潮流沙脊以及三角洲等地貌的出现。一般情况下，潮滩的表面较为平坦，它的形成主要受到沿岸地质特性、河流输沙量以及海岸的水动力条件（如潮汐、波浪）等因素的影响。

环渤海地区河口海岸滩涂多为潮滩，沙滩和岩质滩涂分布较少，且河口海岸滩涂的分布范围较广，在河北、天津、辽东半岛以及胶东半岛等地区均有分布。该区域的潮差中等、波能较低，岸坡（主要考虑潮间带和潮下带）的坡度极为平缓，因此在潮汐、波浪以及海流等因素的综合作用下，发育形成了泥质潮坪沉积。其主要的沉积物质为粒径较细的泥质沉积物，包括波浪破碎作用下海底受到扰动而悬浮起来的物质以及含沙径流入海带来的细小的泥沙颗粒等。

在环渤海地区的不同区域，由于入海径流所含泥沙量不同以及潮流和波浪条件不同等因素，部分潮滩淤积，部分潮滩发生侵蚀。此外，在平坦潮滩的表面常发育形成一些独特的地貌特征，如波痕、流痕、浅凹地以及冲刷而形成的小型潮沟等。从滩涂所处的潮间带横向断面的组成成分来看，沉积物横向成层分布，差异较为明显，主要包括黏土、泥质粉砂、粉砂、砂质粉砂以及细砂几种类别，其颗粒粒径的变化情况是自下而上从细到粗[32]。

渤海从地理位置上看是一个几乎完全封闭的内部浅海，三面与大陆相接，毗邻的省（市）包括我国的山东省、河北省、辽宁省以及天津市，剩余一侧与黄海北部相连通，占地总面积约为 7.8 万 km²，海岸线长度约为 3800km，平均水深约为 18m。渤海被人为地划分为五个组成部分，包括北侧的辽东湾、西侧的渤海湾、南侧的莱州湾、东侧的渤海海峡以及中心的中央盆地。环渤海地区的河口海岸主要分布在三湾与陆地交接处。

滨海地区的 0m 等深线为当地测潮站的多年记录数据平均得到，而滩涂正好分布于平均高潮线以下、平均低潮线以上，可以由各地的 0m 等深线得到沿岸滩涂的演变趋势。1985～2011 年，渤海整体的地形变化较为微小，基本维持原有地形，未发生较大改变，尤其是平均水深，仍为 18m，无明显变化。但注意到，环渤海地区近岸处的等深线发生了明显的偏移，这也正是判断滩涂位置发生变化的重要依据。以下从三个海湾分别进行分析。

辽东湾地处渤海北侧，在渤海的三个海湾中面积最大，岸线走向为北北东，海湾开口方向为南南西，湾口位置为河北省的大清河口与辽东半岛的老铁山岬的连线，其海岸类型属于中国较为典型的淤泥质海岸。在辽东湾区域有三条主要的河流，即大凌河、小凌河以及辽河，这些河流每年都挟带大量的泥沙入海，这些泥沙受到潮汐的作用而在岸边发生堆积。但与此同时，由于受到近年来快速上升的海平面的影响，辽东湾地区的海岸遭受到的侵蚀作用也不断增强。总体来说，辽东湾的地形具有以下几个特点：①地形走向为从东西两岸以及海湾顶部向中央洼地倾斜；②等深线与岸线基本趋于平行；③岸滩坡度非常平缓。

从辽东湾滩涂的主要分布面积占比来看，滨海湿地面积为 422 000hm²，自然滨海湿地面积为 362 000hm²。其中，淤泥质滩涂占比 1.39%，面积为 5845.43hm²；沙滩占比 0.27%，面积为 1157.35hm²。从辽东湾滩涂的主要分布区域来看，其集中分布于锦州市与盘锦市，从盖州市的团山街道起，至小凌河口为止的岸线（图 2-1）区域均分布着淤泥质滩涂[33]。从演变趋势上看，辽东湾的北侧海湾处于淤积状态，其 0m 等深线位置向海侧移动，移动的最大距离达到了约 10km；而辽东湾的西侧海湾处于侵蚀状态，其 0m 等深线位置向岸侧移动[34]。

图 2-1　辽东湾北部双台子河口地区岸线图

　　渤海湾地处渤海西侧,岸线整体上接近弧形,存在向西的内凹。地势整体平缓,走向为从海湾的顶部向中央倾斜。渤海湾海底的坡度极缓,平均仅有 0.2‰,其岸线类型多为我国典型的淤泥质海岸,岸线总长度为 650km,其中潮滩岸线的占比超过 80%。渤海湾沿岸发育有集中连片的滩涂,滩涂资源储备丰富,据统计,涧河口与徒骇河口之间等深线 0m 以上、-2～0m、-5～-2m、-5m 以下的滩涂面积分别占全国滩涂总面积的 5%、19.15%、14.3% 和 12.1%。从历史上来看,黄河和滦河带来的入海泥沙为渤海湾的沉积提供了主要的物质来源,但现在由于黄河入海口东移,其影响逐渐减弱,现在其入海泥沙对于渤海湾的近岸变化几乎没有影响,而海河和蓟运河建闸之后输沙量大大减少,对河口外浅滩的演变不起控制作用。就目前的状况来看,渤海湾仅有少部分区域的自然岸线遭受侵蚀,大部分的岸线都在向海侧移动(表 2-1)。这主要是由于渤海湾的开发利用导致人工岸线替代了原有的自然岸线,因此原有的自然岸线的大潮高潮水位线消失。

表 2-1　渤海湾海岸线长度和海岸面积变化统计

年份	天津港海岸线变化(km)	天津港面积变化(km²)	曹妃甸港海岸线变化(km)	曹妃甸港面积变化(km²)	黄骅港海岸线变化(km)	黄骅港面积变化(km²)	天津汉沽海岸线变化(km)	天津汉沽面积变化(km²)	天津大港海岸线变化(km)	天津大港面积变化(km²)
2000～2005	42.7	15.8	33.2	9.6	21.1	4.3	1.4	0.2	0.5	0.6
2005～2010	58.4	89.7	69.0	163.2	19.9	16.6	34.9	11.0	2.7	14.6
2000～2010	101.1	105.5	102.2	172.8	41.0	20.9	36.3	11.2	3.2	15.2

　　图 2-2 为渤海湾地区岸线,由于近岸区域以及曹妃甸海域开发的程度较高,因此这些区域内渤海湾的地形变化较为明显。根据 0m 等深线多年实测资料,渤海湾 0m 等深线整体的变化趋势是向海侧移动,移动距离为 1～6km,表明渤海湾岸线整体而言向外扩张。根据 10m 等深线的多年实测资料,曹妃甸的西北区域 10m 等深线向岸侧移动,水深增加 1～2m,表明此处侵蚀作用较为严重;而在老黄河口的西北区域 10m 等深线

离岸移动，最大移动距离达到 12km。开发利用中对岸线影响最大的是围填海工程，在其影响下，渤海湾的陆地面积大幅度增加，增加了近 322km²，渤海湾的海岸线长度也大幅度增加，增加了近 331.6km。尽管陆地面积增加，但是渤海湾的湿地面积大幅度减小，天津港地区尤其如此，减小的滩涂面积最大[35]。从长期来看，岸滩演变的最终结局取决于泥沙的来源。虽然目前海岸滩涂侵蚀与淤积共存，但大规模的围垦活动使得潮间带的泥沙来源大幅度减少，同时，流域来沙和海相来沙也微乎其微，因此渤海湾滩涂终将面对泥沙供给不足，从而海岸整体转变为侵蚀的问题。

图 2-2   渤海湾地区岸线图

图 2-3 为莱州湾地区岸线，莱州湾地处渤海南侧，纵览渤海三个海湾，莱州湾在黄河三角洲区域地形变化最为突出。莱州湾 0m 等深线整体的变化趋势是向海侧移动，移动距离平均为 1~4km，且向海侧的移动主要发生在大河河口区域，以黄河三角洲为例，其 0m 等深线向海侧移动的最大距离达到 22km。该区域的 10m 等深线也向海侧偏移，偏移的最大距离达到 18km。黄河三角洲 0m 等深线的向海侧推移主要是黄河口处的泥沙淤积，使得三角洲面积逐渐增加引起的。除此之外，莱州浅滩的地形变化也较为突出，

图 2-3   莱州湾地区岸线图

其 10m 等深线均向东偏移，其西侧向东偏移了 3～7km，东侧向东偏移了 0.5～1.5km[36]。从岸线类型上来看，随着海岸开发程度的不断提高，人工岸线长度显著增加，三类自然岸线（基岩岸线、砂质岸线和粉砂淤泥质岸线）长度明显减小，其中自然岸线以砂质岸线和粉砂淤泥质岸线为主。在空间上，表 2-2 统计的 29 年间海岸线总前进 1241.4km，总后退 11.6km。虽然海岸线明显前进，但是受到围垦开发等人类活动的影响，滩涂面积逐年减小。

表 2-2 莱州湾多年岸线长度分布

年份	人工岸线 (km)	基岩岸线 (km)	砂质岸线 (km)	粉砂淤泥质岸线 (km)	岸线全长 (km)	滩涂面积 (km²)
1983	152.5	10.6	123.3	168.3	454.7	934.76
1992	374.3	8.7	80.5	64.4	527.9	737.27
2001	423.7	6.8	64.5	93.7	588.7	688.34
2012	487.6	3.4	49.6	82.9	623.5	497.01

地质上，环渤海地区受到的地幔隆升以及地幔热柱的影响较为显著，燕山运动以前主要是受地幔隆升影响地势抬升，燕山运动之后在地幔热柱的作用下不断塌陷沉降，形成明显的断陷盆地。地貌特征上，环渤海地区大范围分布的滩涂多为泥质滩涂，即潮滩，沙滩和岩质滩涂分布较少。地形上，渤海的整体水深和地形变化较小，环渤海的岸线特征变化较大，部分地区有侵蚀，但整体上呈现逐年向海侧前进的趋势，新增陆地面积和人工海岸线长度明显增加，但天然滩涂的面积却有所减小。

2.1.2 环渤海地区水文特征

环渤海地区入海径流众多，滩涂作为一类土地资源与水文条件息息相关，人类活动和自然环境等对其的共同作用，影响巨大。因此，本部分主要从沿岸水文特征和区域地下水动力系统特征等方面进行介绍，为查明地区地下水资源开发利用潜力、重大环境地质问题和资源环境承载能力提供技术支持。

图 2-4 为 5m 层各季节代表月的盐度水平分布，由于受到径流变化以及季风的影响，渤海沿岸的盐度特征发生改变，进而对滩涂的开发利用造成季节性的影响。因此，分析沿岸水流的季节变化特征，可以为合理利用滩涂提供支持。近海区域往往都会受到陆地的影响，在中国的近海中，渤海受到陆地的影响最重。主要原因在于渤海是一个接近封闭的内海，三面与陆地相邻，众多径流直接汇入渤海，如黄河、海河、滦河、辽河以及小清河等，其中，以黄河的影响最为显著，其多年平均径流量达 343.3 亿 m³，且含沙量较高，海河在海河船闸投入使用后含沙量大幅度降低，其多年平均径流量为 9.7 亿 m³。

由于上述入海河流存在枯水期以及汛期等随时间变化的因素，渤海接受的径流量也随着时间分布不均。每年一般 7～10 月为汛期，在此期间的径流量占全年径流量的 56%；而冬春两季由于枯水期的影响，径流量明显不足，再加上径流量的年际变化较大，某些特殊年份甚至出现过断流。以下按季节分析一年内渤海沿岸水流及其盐度的变化情况[37]。

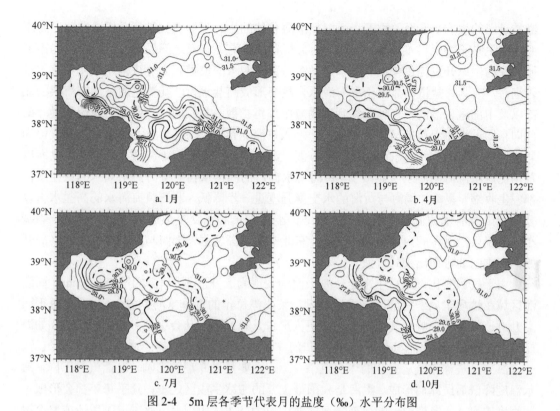

图 2-4　5m 层各季节代表月的盐度（‰）水平分布图

冬季（12 月至次年 2 月），渤海沿岸的盛行风为东北季风，渤海的沿岸水流由于受到东北季风的作用而流向渤海南部，造成渤海南部水流的汇聚，沿岸水流遍布渤海南部各处。来自渤海湾的沿岸水流进入莱州湾，使得渤海南部的海平面上升，驱动着沿岸流继续运动，沿着唯一的出口，即渤海海峡，向东汇入黄海。这一段海流被命名为鲁北沿岸流，它有一条明显的边缘曲线，即从曹妃甸区唐海镇到蓬莱的一条曲线，在这条曲线的两侧盐度存在较大的差异。春季（3～5 月），渤海沿岸的东北季风明显减弱，渤海的沿岸水流受到风的作用也减弱，直接表现为鲁北沿岸流的消减。受风驱动的沿岸水流分布范围也发生了改变，分布的区域边界（即沿岸水盐度分界线）内缩，其东南侧边界内缩至山东省龙口湾，西北侧边界变化至唐山港附近。夏季（6～8 月），渤海沿岸的盛行风为偏南季风，同时该时期也为主要河流的丰水期，径流水量显著增加。大量增加的入海淡水与偏南季风共同作用，使得原本位于渤海南部的沿岸水流开始向渤海的中部区域发展。秋季（9～11 月），该时期属于过渡期，在夏季进入渤海中部区域的沿岸水流又开始流向渤海南部区域，鲁北沿岸流开始向东伸展。

从渤海各处海水盐度的年平均值来分析，渤海海水盐度分布的特点主要有以下几点：①渤海海面浅层水的盐度较低，为 29.95‰；②河口附近的盐度较低，低于 25‰；③受季节变化的影响严重，冬季盐度为 29‰～30‰，夏季盐度为 25‰～29‰，河口地区受到径流淡水的影响，盐度更低，甚至低于 23‰，黄河入海径流量最大，其带来的淡水水舌可扩散至渤海的中部[38]。

渤海与外海进行海水交换必须通过黄海进行。因此，渤海与黄海之间的水交换对于维持渤海的生态平衡至关重要。而一旦渤海整体的生态平衡遭到破坏，环渤海河口海岸滩涂的生态平衡也将难以维持。因此，分析理解渤海与黄海之间的水交换，可以为该区域滩涂的生态开发提供依据。冬季，渤海与黄海的水交换模式为北进南出。北黄海水进入渤海，因其含盐量明显高于渤海海水，故会形成高盐水舌，其首先通过渤海海峡的北部以及中部进入渤海，直到最终到达渤海中部再扩散。与此同时，鲁北沿岸流从渤海南部向东通过渤海海峡的南部流出渤海，汇入黄海。春季，渤海与黄海的水交换模式仍为北进南出，但由于此时东北季风强度减弱，海水交换强度也明显减弱，北侧进入渤海以及南侧流出渤海的海水明显减少，黄海海水向西的高盐水舌与渤海海水向东的低盐水舌都发生收缩。夏季，渤海与黄海的水交换强度进一步降低，北侧黄海海水的高盐水舌以及南侧渤海海水的低盐水舌进一步收缩，渤海与黄海水交换形成的环流范围进一步减小，环流只在渤海的内部出现。秋季，东北季风逐渐增强，渤海与黄海水交换的格局开始向春季的北进南出模式过渡。

由于气候变化，近百年来全球海平面均表现为上升，平均上升了 10~20cm，而渤海区域在地质上属于沉降区，数据显示，莱州湾每年的沉降量约为 2mm，因此海平面上升对该地区的影响较其他海域而言更为严重。海平面上升会引起一系列的问题，如海岸线向陆迁移、湿地面积减小、影响河口海岸的泥沙输运以及加剧风暴潮等极端天气等。

海冰又被称作航运安全的"白色杀手"，主要是受寒潮的影响，海面气温下降，海水温度降低后结冰而形成。渤海是我国最主要的海冰生成区之一，几乎每年都会形成不同程度的海冰，海岸附近的冰冻情况比海中更为严重，历史上，海冰灾害曾造成整个渤海被封冻，带来严重损失。分析和研究渤海结冰期，合理避开海冰大面积形成的时期，有利于充分利用环渤海河口海岸滩涂资源，避免恶劣的海上条件对滩涂的产品生产及产品的运输造成危害。

渤海的海冰形成和发展的全部过程集中在一个年度冬季时间范围内（表 2-3），为一年生海冰。渤海海冰的形成和发展包括三个阶段，即开始形成、大范围形成以及开始消融，其中大范围形成也就是冰情最终的时期，也称为盛冰期，其影响最严重。

表 2-3　渤海海冰冰期[39]

年度	初冰日	终冰日	总冰期（d）
2000~2001	12 月 11 日	3 月 18 日	98
2001~2002	12 月 11 日	2 月 22 日	74
2002~2003	12 月 7 日	3 月 8 日	92
2003~2004	12 月 6 日	2 月 24 日	80
2004~2005	12 月 19 日	3 月 4 日	76
2005~2006	12 月 7 日	3 月 13 日	97
2006~2007	12 月 17 日	2 月 17 日	62
2007~2008	12 月 9 日	3 月 7 日	90
2008~2009	12 月 9 日	3 月 6 日	88
2009~2010	11 月 21 日	3 月 19 日	119
2010~2011	12 月 11 日	2 月 25 日	77
2011~2012	12 月 1 日	3 月 9 日	100
平均	12 月 9 日	3 月 6 日	88

《中国海洋灾害公报》中的数据表明，辽东湾的海冰厚度以及海冰范围都要超过渤海湾和莱州湾，部分年份莱州湾甚至没有海冰形成。

从时间纵向来看，受到全球变暖等气候条件的影响，渤海海冰的冰期正在逐渐缩短，初冰日逐渐推迟，终冰日逐渐提前。资料显示，渤海 20 世纪 60 年代的平均冰期为 132d，约为全年的 1/3，而 21 世纪初前 12 年的平均冰期仅为 88d，对比二者可以得到明显的结果：渤海冰期正在不断缩短。

环渤海地区的生态系统较为敏感脆弱，其属于半干旱地区，年降水量不足的同时年蒸发量较大。环渤海山地区域年降水量为 600～1000mm，平原区域仅有 500～700mm，而年蒸发量却有 1300～1900mm，加之河流径流量不大且随季节变化大、多集中在夏季，故环渤海地区可利用的地表淡水资源较为缺乏。近年来，环渤海地区沿海城市高速发展，为了满足工业用水、农业用水以及生活用水的需求，对该地区的地下水进行了长期的开采，其中不乏不合理的开采过程，给环渤海地区的生态环境带来一系列的风险与压力，如海水倒灌入侵、地面沉降以及湿地资源退化等。滩涂作为湿地资源的类型之一，对淡水资源有较大的需求，其形成与发展对地下水有所依赖，对环渤海地区地下水系统进行分析，可以为确定环渤海地区滩涂发展面临的现状和将来的发展趋势提供帮助[40]。

2.1.3　环渤海地区河口海岸滩涂的生物特征

滩涂的生物种类很多，滩涂的生物资源也是滩涂开发利用的方向之一。滩涂上的生物可以分为两类，第一类是滩涂上原始的自然生物，第二类是滩涂上人为养殖的经济生物。本部分主要介绍渤海沿岸滩涂原始的自然生物的主要特征。

生物多样性是指一定空间内所有的植物、动物以及微生物的遗传变异情况，包括遗传多样性、物种多样性、生态系统多样性。受到人类活动的影响，环渤海地区湿地的生态系统面临着威胁，其自我恢复能力减弱，部分生态功能减弱或丧失，进而导致该地区的生物多样性遭到破坏，影响其可持续发展。

滩涂区域内生活着各类生物，从生活的空间区域来划分，可以概括性地划分为海洋生物以及鸟类生物。其中，海洋生物主要包括软体动物、鱼类、虾类、蟹类以及耐盐碱的部分水生植物。在滩涂区域内最具有价值的当属软体动物。分布于我国滩涂上的海洋生物的种类约为 1580 种。其中，软体动物种类最多，有 513 种，如常见的贝类；其次是海藻类，有 358 种；然后是甲壳类，有 308 种，如常见的虾类、蟹类等；其他类群种类较少。整体上，自然生物分布呈现由南到北逐步减少的趋势。对渤海湾滩涂的软体动物进行分类，分类标准为其所处的区系，结果表明其归属北太平洋温带区的远东亚区。渤海的水温季节性变化剧烈，海水温度年际变化幅度达到了 29℃，故能适应这种环境的软体动物主要是起源于热带的广温性暖水种，如文蛤、牡蛎、毛蚶、蛤仔等种类。软体动物中，属于北方的冷水种类较少，蚶贝占主要组成部分。从软体动物具体的种类来说，黄渤海潮间带区域生活着超过黄渤海半数的软体动物，占黄渤海地区软体动物总种类数的约 60%。已知的分布在黄渤海潮间带区域的软体动物共有 219 种，其中属于多板纲的有 4 科，共 9 种，占比 4.11%；属于腹足纲的有 58 科，共 132 种，占比 60.27%；属于掘足纲的只有 1 科，共 1 种，占比 0.46%；属于瓣鳃纲的有 26 科，共 77 种，占比 35.16%。中国海域拥有的一些特有的软体动物的品种中，主要分布于黄渤海滩涂区域的有：大沽全海笋、群栖织纹螺、小白樱蛤、中华拟守蟹螺、白带笋螺等[41]。

环渤海滩涂除了海洋生物种类众多，还是我国东部湿地水鸟的重要栖息区域。该区域河流众多，拥有广阔的浅海滩涂，具有良好的湿地环境，因此水鸟资源数量大、种类多，珍稀濒危物种出现频率高。渤海湾地区鸟类种类丰富，我国超过总种类 40% 的水鸟在该地区均有分布，渤海湾地区已有 120 多种水鸟记录在册。环渤海三个保护区的观测资料显示，有 115 种水鸟栖息于山东黄河三角洲国家级自然保护区，有 107 种水鸟栖息于天津北大港湿地自然保护区，有 92 种水鸟栖息于天津大黄堡湿地自然保护区。环渤海地区的湿地资源对于亚洲东部地区的鸟类迁徙起到至关重要的作用，迁徙多发生在每年的春秋两季，迁徙的水鸟会途经此处，进行进食以及休息。在这些时节，经常可以在岸边或者水面上观察到大批各类的水鸟，如斑嘴鸭、灰雁、红嘴鸥、银鸥等，形成尤为壮观的景象。从途径环渤海地区的迁徙鸟类的数量上来看，该地区是鸟类重要的迁徙途径区域。其中，数量占比较高的是鸻鹬类，单单每年的春季期间，就有大于 30 万只的鸻鹬类途径环渤海地区的湿地，环渤海地区湿地为其提供了重要的生活区域。除此之外，在考虑其他水鸟种类如鹳类、鹤类、雁鸭类等的情况下，大于 100 万只的水鸟需要将环渤海地区的湿地作为其迁徙路途中的休整区域。除了将环渤海地区的湿地作为迁徙通道，许多水鸟如各种雁鸭、灰鹤、苍鹭等直接选择将其作为越冬区域。随着全球气候变暖的逐渐加剧，选择将渤海湾湿地作为越冬区域的水鸟种类以及数量还在逐年增加。一些种类的水鸟，如黑翅长脚鹬、须浮鸥、斑嘴鸭等，还会选择在环渤海地区的湿地进行繁殖，湿地内大范围天然的芦苇丛为其提供了良好的繁殖场所。例如，在黄河三角洲的滩涂上，每年都可以观察到几千只黑嘴鸥选择在此处栖息繁衍。

环渤海地区生活着许多数量稀少的水鸟，其中包括华秋沙鸭、大鸨、白尾海雕、丹顶鹤、黑鹳、白鹤、白头鹤、遗鸥、东方白鹳在内的 9 种鸟类属于国家规定的 I 级重点保护动物；同时，该地区也生活着包括灰鹤、大天鹅、蓑羽鹤、海鸬鹚等在内的超过 20 种的国家规定的 II 级重点保护动物。我国范围内总共生活着 9 种鹤类，这些鹤类中的 7 种都会在迁徙过程中利用环渤海地区的湿地。国际鹤类基金会的卫星观测资料显示，鹤类中的白鹤等会在环渤海地区停留休息，个别个体停留的时间甚至达到了近三周；鹤类中的灰鹤，其部分群体会留在环渤海地区进行越冬，野外调查记录显示，在天津、河北、山东等处都有其越冬的种群出现，其中，在天津越冬的灰鹤的种群数量曾经超过 100 只；丹顶鹤和白枕鹤在环渤海地区也曾被多次观测到，它们会在迁徙的季节经过此处，主要栖息于黄河三角洲、滦河河口、天津的团泊以及北大港等地，其部分种群甚至会留在黄河三角洲区域进行越冬，在黄河三角洲区域越冬的丹顶鹤的种群数量曾经超过 100 只。由此可见，这些珍稀濒危的鹤类对环渤海地区的湿地依赖程度较高，环渤海地区的湿地质量对鹤类的生存活动起到举足轻重的作用。

环渤海地区的湿地内的一些物种，虽然在国内并不属于需要重点保护的野生动物，但其在国际范围内属于需要受到保护的物种。它们的出现频率较高，多集中出现于迁徙的春秋两季，常出现的地点为天津的团泊、北大港以及七里海等湿地，包括青头潜鸭、灰头麦鸡、花脸鸭、鸿雁、半蹼鹬等物种。环渤海地区的湿地既是这些鸟类迁徙途中短暂停留的栖息地，又是它们赖以生存的繁殖区域，因此环渤海地区的湿地对其具有十分重要的意义[42]。

中国近年来对生态环境的保护愈发重视，通过建立自然保护区的形式，对环渤海地区的湿地资源以及水鸟资源进行保护。这些自然保护区包括天津大黄堡、天津团泊、天津北大港、天津南大港、河北唐海湿地以及山东黄河三角洲等。我国同时将一些重要的天然湿地列入《国家重要湿地名录》，对其进行充分、有效的保护，这些湿地包括黄河三角洲、滦河河口、天津古海岸、天津北大港以及昌黎黄金海岸等。考虑到山东黄河三角洲国家级自然保护区对鹤类生存的重要作用，它还被命名为国际鹤类网络自然保护区。《中国湿地保护行动计划》强调，要优先解决的问题是环渤海海岸湿地保护与合理利用，这更加体现了环渤海地区湿地的重要程度以及国家的重视程度。从湿地面积上来看，渤海的三个海湾中渤海湾的湿地面积最大[41]，如图 2-5 所示。

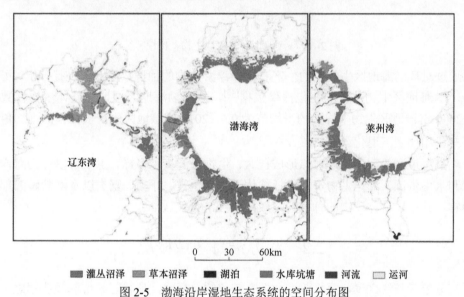

图 2-5 渤海沿岸湿地生态系统的空间分布图

从南北分布来看，我国滩涂上的海洋生物种类的分布趋势呈现南多北少、由北向南逐渐增多的态势，渤海的滩涂生物种类相比于黄海、东海、南海而言更少。

环渤海地区存在较多的入海河流，这些河流除了会将大量的泥沙裹挟入海，还会将大量的营养物质带入海洋，为各类生物的生长繁殖提供养料。因此，河口附近海域往往形成良好的渔场，经济价值较高的鱼类、虾类、蟹类以及各类软体动物在该区域分布较多，而在离河口较远的沿岸区域生物分布相对较少。在自然保护区或者是人类活动干预较少的沼泽区域，自然环境较为良好，生物多样性往往较高；而随着城市经济的发展，人类活动的影响逐渐增强，生物多样性也随之降低。如图 2-6 所示，环渤海地区的辽东湾中部、莱州湾西北部分别为辽河入海口、黄河入海口，物种多样性较高，而渤海湾由于毗邻京津冀区域，人口密度较大，对环境的影响较为严重，生物多样性较低[41]。

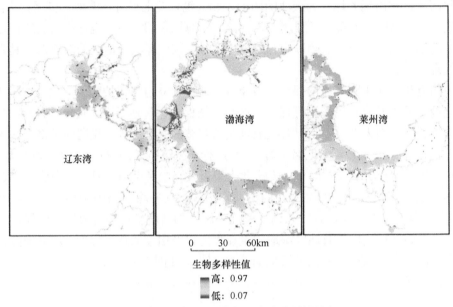

图 2-6　环渤海地区的湿地生物多样性特征

　　通过对环渤海地区生物中的生产者之一浮游生物的种群数量变化进行分析，可以为分析环渤海地区生物总量的变化提供依据[43]。从环渤海地区湿地的整体多样性数据上看，2000 年该地区生物多样性的平均值为 0.6，2010 年该地区生物多样性的平均值降到了 0.55，相比之下退化了 8.3%[41]。

　　环渤海地区的河口海岸滩涂形成已久，生物资源多种多样，主要可以分为海洋生物资源和水鸟资源。海洋生物资源包括软体动物、鱼类、虾类、蟹类以及耐盐碱的部分水生植物，其中以软体动物的种群数量较多且经济价值较高。

2.2　江苏沿海区域概况

　　江苏处于长江之滨，面临黄海，拥有较长的海岸线，是我国经济的领头军之一，下辖 13 个地级行政区，是全国唯一所有地级行政区都跻身百强的省份。江苏的地区发展与民生指数（DLI）居全国省域第一，成为中国综合发展水平最高的省份之一，已达到"中上等"发达水平。江苏省域经济综合竞争力居全国前列，实际使用外资规模居全国首位，人均 GDP 自 2009 年起连续稳居全国第一位，是中国经济最活跃的省份之一，与上海、浙江、安徽共同构成的长江三角洲城市群已成为六大世界级城市群之一。

　　江苏地处中国东部沿海地区中部，位于长江、淮河下游，东邻黄海，北接山东，西连安徽，东南与上海、浙江接壤，是长江三角洲地区的重要组成部分，土地面积为 10.72 万 km²。为实现区域经济持续高速均衡发展，国家制订了以上海为中心，以江、浙为两翼的长江三角洲沿海港口发展的远大战略。

2.2.1　江苏沿海滩涂地质与地形地貌特征

江苏地形以平原为主,平原面积占比居中国各省份首位,主要由苏北平原、黄淮平原、江淮平原、滨海平原、长江三角洲平原组成。

江苏是中国地势最低的一个省份,绝大部分地区在海拔 50m 以下,低山丘陵集中在西南部,占江苏总土地面积的 14.3%,主要有老山山脉、云台山脉、宁镇山脉、茅山山脉、宜溧山脉。连云港云台山玉女峰为江苏最高峰,海拔达 625m。

江苏地跨华北板块、秦岭—大别造山带东段、扬子板块三大主要地质构造单元,区域地质背景与构造岩浆活动差异明显,各构造单元的地质构造发展过程与演化历史极为复杂,总体上分为微陆块聚合与结晶基底形成、板块汇聚与重组以及中新生代的大陆边缘活动带演化 3 个构造阶段,经历了三大单元相对独立发展→多次构造拼合→共同演化的发展过程。

构造事件是指地质历史过程中发生的构造运动及其所形成的各类地质遗存。本书所称的区域性构造事件强调区域性构造运动所形成的各类地质遗存,重点分析与区域构造活动、大地构造环境恢复有关的区域性不整合、构造岩浆活动及区域变质作用等区域性构造事件。

2.2.1.1　大地构造分区及其主要构造特征

在复杂而漫长的地质构造演化过程中,不同板块间的俯冲碰撞、海陆开合、大规模断块作用等构造运动,致使江苏省域内构造格局繁杂而多彩,其中最为显著的构造形迹主要包括区域性深大断裂构造、大型韧性变形构造、大型褶皱构造、大规模推覆构造和区域性断陷盆地构造等。

区域性深大断裂构造一般构成不同级别大地构造单元的边界,主要有郯庐断裂、盱眙—响水口(响淮)断裂、金坛—如皋(江南)断裂、海州—泗阳断裂、茅山断裂、湖熟断裂等;大型韧性变形构造仅发育于苏鲁造山带内,以强烈的变质变形作用为特征,构成苏鲁造山带内不同组成岩片的边界;大型褶皱构造与大规模推覆构造主要是印支构造期强烈挤压作用的产物,在华北陆块南缘和下扬子陆块广泛分布;区域性断陷盆地构造是断裂控制下断块差异性升降运动的产物,主要形成于中新生代,3 个陆块区(鲁西陆块、苏鲁陆块、下扬子陆块)均有不同程度发育,省内最大的断陷盆地为苏北凹陷。

区域内各类构造形迹或大型变形构造均是区域构造不同演化阶段于一定大地构造环境下构造活动的产物,不同的构造形式主要取决于不同力学机制、构造运动方式及发生的构造层次,且在时间上构造演化具有明显的继承性特点,在空间上则表现为不同构造形迹的继承与叠加关系。

本书依据大地构造分区原则,主要以区域性深大断裂为边界对江苏省域内大地构造进行了五级分区划分,其中一级至四级分区情况见表 2-4。

表 2-4 江苏省大地构造分区简表

一级	二级	三级	四级
华北陆块区Ⅱ	鲁西陆块Ⅱ6	鲁西碳酸盐岩台地Ⅱ6-1	徐淮陆内盆地（Ⅱ6-11）
			徐州—宿县断块（Ⅱ6-12）
			邳县—睢宁断块（Ⅱ6-13）
		郯城—庐江断坳Ⅱ6-2	新沂宿迁断陷（Ⅱ6-21）
秦祁昆造山系Ⅳ	大别—苏鲁造山带Ⅳ11	苏鲁高压—超高压变质带Ⅳ11-1	苏北胶南断块（Ⅳ11-11）
			连云港—泗洪断块（Ⅳ11-12）
扬子陆块区Ⅵ	下扬子陆块Ⅵ1	苏皖前陆盆地Ⅵ1-1	苏北陆内盆地（Ⅵ1-11）
			滁巢断块（Ⅵ1-12）
			宁镇—溧水断块（Ⅵ1-13）
		江南被动陆缘Ⅵ1-2	江阴—南通断块（Ⅵ1-21）
			宜溧—苏州断块（Ⅵ1-22）
			启东断块（Ⅵ1-23）
			吴江断块（Ⅵ1-24）

2.2.1.2 区域大地构造演化过程

江苏涉及的三大地质构造单元在不同地质历史时期由于所处的大地构造环境差别很大，大地构造演化差异很大，尤以早期差异明显。根据省域内不同构造分区大地构造环境和大地构造演化的基本特征，构造演化阶段总体上可划分为前南华纪的微陆块聚合与结晶基底形成、南华纪—中三叠世的板块汇聚与重组、中新生代的大陆边缘活动带演化 3 个构造阶段，见图 2-7[44-47]。

2.2.2 江苏沿海水文特征及其时空分布

江苏地面高程绝大部分在海拔 50m 以下，局部洼地海拔仅 2～3m，省内河流分属长江、淮河两大流域。

2.2.2.1 降水

江苏多年平均降水量为 996mm。其中，长江流域片多年平均降水量为 1050mm，淮河流域片多年平均降水量为 964mm。江苏降水的时空分布特征如下。

1. 年降水量地区差异明显

江苏各地多年平均降水量大多为 800～1100mm，整体上自西北向东南递增。长江以南多年平均降水量在 1000mm 以上，宜溧山区为 1100mm；射阳、大丰、海安、南通一线以东沿海地区受台风暴雨的影响，多年平均降水量在 1050mm 以上；西北部丰沛地区，多年平均降水量较小，约为 800mm；南部宜兴横山水库站多年平均降水量最大，达1221mm，相当于西北部丰县站的 1.6 倍。江苏多年平均降水量分布见图 2-8。

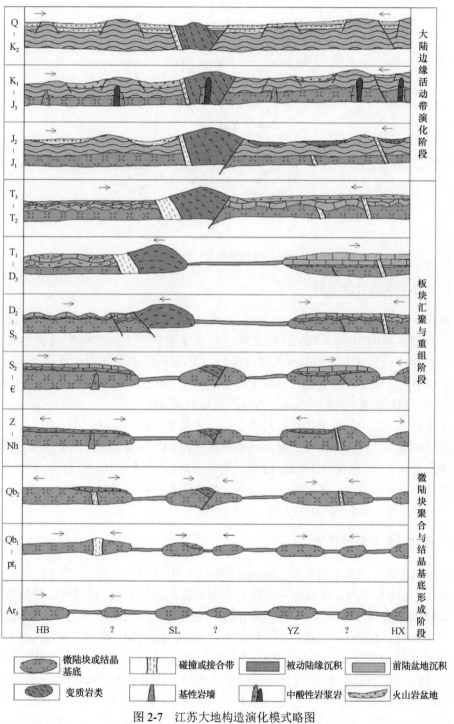

图 2-7　江苏大地构造演化模式略图

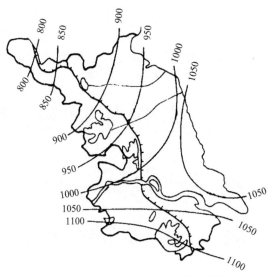

图 2-8　江苏多年平均降水量分布图（单位：mm）

2. 降水量年内分配不均

江苏降水量集中在汛期（6～9 月），各地汛期多年平均降水量为 550～650mm，占多年平均降水量的 50%～74%。汛期降水量南北差异不大，多年平均值北部沿海在 650mm 以上，西北部丰沛至南部宜溧山区约为 550mm。非汛期（10 月至次年 5 月）的降水量较小，且南北差异明显，多年平均值北部为 250mm，南部为 550mm。1965 年，大丰闸站汛期降水量为 1855.3mm，占年降水量的 82.4%。

江苏最大月降水量多出现在 6 月或 7 月，多年平均值为 160～260mm，占多年平均降水量的 14%～22%；1931 年 7 月泰州站降水量为 947.2mm，约占年降水量的 53%。最小月降水量为 0，常出现在 1 月或 12 月，多年平均值为 15～50mm。干旱年份，其他月份也有最小降水量出现。多年平均月降水量的极值比在长江以南为 3～6 倍，江淮之间为 6～10 倍，淮北地区为 10～17 倍。

3. 降水量的年际变化大

据资料记载，江苏全省共发生洪涝 47 年，干旱 156 年，旱涝交替 381 年。新中国成立后，江苏平均不到 2 年就有一次较大的水旱灾害。1954 年、1957 年、1974 年、1983 年、1991 年为大洪水年，1949 年、1950 年、1956 年、1962 年、1963 年、1965 年为大涝年，1953 年、1959 年、1966 年、1967 年、1978 年、1981 年为干旱年，另有水旱交替 9 年。1954 年镇江站、溧阳站等的降水量均超历史最高纪录，1965 年大丰站的降水量达 2015.2mm，1978 年仅 521mm。江苏省内最大与最小年降水量的比值在睢宁站为 4.6，浏河闸为 2.2，其余大多为 2.3～4.4。全省年降水量变差系数 Cv 为 0.22～0.30，南部宜溧山区为 0.22，向北逐渐加大，苏北沿海经盐城至六闸（邵伯）再折向东至泰州、安丰一线以东，以及西部铜山、睢宁到泗洪一线以西，各有 0.30 的高值区。

4. 暴雨

江苏暴雨主要由台风、涡切变和槽三类天气系统形成，其中台风类暴雨最多，暴雨多出现在 6～9 月，尤其集中在 7～8 月。7～9 月江苏省内常有台风侵袭，台风倒槽或低压区往往降大暴雨。1960 年 8 月 4 日如东县潮桥 24h 雨量为 822mm，1965 年 8 月 21 日大丰闸 24h 雨量为 627mm，均由台风造成。6～7 月冷暖气团在江淮地区遭遇常产生锋面低压和静止锋，形成连日阴雨，习称"梅雨"，梅雨期常出现暴雨。据 1951～1976 年资料统计，江苏全省日雨量大于 150mm 的暴雨共 169 场，平均每年 6 场，其中台风类暴雨有 37 场，占 21.9%；涡切变类暴雨有 34 场，占 20.1%；槽类暴雨有 33 场，占 19.5%。1961 年、1962 年暴雨出现的机会较多，分别为 11 场和 12 场。江苏暴雨沿海多于内陆，苏北多于苏南。苏北沂南、沂北地区位于泰山、沂蒙山区南麓，处于夏季西南风和东南风的迎风面，暴雨较多。7～8 月副高压脊线跳到 25°～30°N，沿海的盐城等地处于太平洋副高压边缘与大陆副高压之间，形成了鞍形场，暴雨机会多。在 1951～1976 年江苏全省日雨量大于 150mm 的 169 场暴雨中，沿海地区平均为 32 场/万 km^2，内陆地区平均为 13 场/万 km^2。

2.2.2.2　蒸发

江苏水面蒸发观测始于 1923 年，早期使用直径为 80cm 的套盆式蒸发器（皿），20 世纪 60 年代以后逐渐使用 E601 蒸发器。观测值与天然水体蒸发量略有差异，利用不同型号蒸发器（皿）的对比观测资料，分析蒸发量的折算系数。据太湖水面蒸发实验站和宜兴湖泊实验站 1959～1966 年资料分析，E601 蒸发器的观测值换算为 20m^2 大型蒸发池蒸发量的折算系数在 4 月为 0.88，其余各月为 0.9～1.12，全年加权平均为 0.98。

1. 水面蒸发

1）水面蒸发量的地区分布

江苏多年平均水面蒸发量为 950～1100mm，由西南向北递增。盱眙、淮阴、阜宁、大丰一线多年平均水面蒸发量为 1000mm，向北渐增至 1100mm；太湖湖东及南京、镇江附近为 1000mm；小洋口闸、安丰、泰州、靖江、海门一线以内为水面蒸发量的低值区，在 950mm 以下。江苏多年平均水面蒸发量分布见图 2-9。

2）水面蒸发量的年内分配

江苏 5～8 月的蒸发量占年蒸发量的 50% 左右。最大月蒸发量出现在 7 月或 8 月，多年平均值为 110～200mm，占年蒸发量的 12%～18%；最小月蒸发量出现在 1 月或 2 月，多年平均值为 25～45mm，占年蒸发量的 2%～4%。

2. 陆地蒸发

江苏多年平均陆地蒸发量为 600～800mm，由东南向西北递减。在降水多且供水充分的湿润地区，陆地蒸发接近水面蒸发，如太湖地区，陆地蒸发量为 750～800mm，水面蒸发量为 900～1000mm。在降水较少的丰沛地区，受供水能力的限制，水面蒸发量

虽在 1100mm 以上,但陆地蒸发量不足 600mm,成为全省陆地蒸发的低值区。江苏 1956~
1979 年平均陆地蒸发量分布见图 2-10。

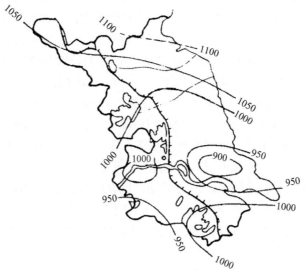

图 2-9　江苏多年平均水面蒸发量分布图(单位:mm)

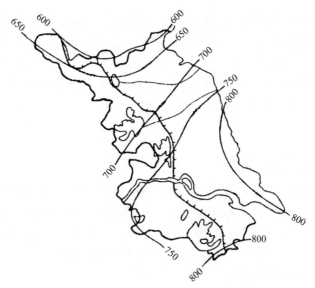

图 2-10　江苏 1956~1979 年平均陆地蒸发量分布图(单位:mm)

2.2.3　江苏沿海滩涂的生物特征

江苏自然湿地总面积为 $9.97 \times 10^5 hm^2$,自然湿地景观可分为海岸带湿地景观、洲滩
湿地景观、湖泊湿地景观、沼泽湿地景观和河流湿地景观,面积分别为 $3.05 \times 10^5 hm^2$、
$4.6 \times 10^4 hm^2$、$4.21 \times 10^5 hm^2$、$6.8 \times 10^4 hm^2$ 和 $1.57 \times 10^5 hm^2$。江苏自然湿地生态系统可分为
盐土生态系统、沼泽生态系统、水生生态系统和沙丘湿地生态系统,湿地内物种丰富,
高等植物有 484 种,海岸带湿地已记载的鸟类有 241 种,湖泊鱼类有 121 种(亚种),

其中有 2 种国家级珍稀濒危植物和 31 种国家重点保护野生脊椎动物。

2.2.3.1　景观多样性

1. 海岸带湿地景观

江苏海岸带湿地位于我国沿海中部，北起苏鲁交界的绣针河口，南抵长江口北岸的连兴港，全长 953.9km（内含 7.9km 长江口北支水域），面积为 $3.05×10^5 hm^2$。江苏海岸绝大部分为淤泥质，其岸线长度约占全省的 93%，另外绣针河口至海州湾北部的兴庄河口分布有砂质海岸，连云港西墅至烧香河北口分布有基岩海岸。按冲淤动态，江苏海岸又可分为淤涨、相对稳定和侵蚀 3 种类型，分别占 53.4%、20.7% 及 25.9%[48]。

2. 洲滩湿地景观

长江横贯江苏，从上游带来的大量泥沙在下游江湾或河口淤积形成冲积三角洲滩，面积为 $4.6×10^4 hm^2$。

3. 湖泊湿地景观

江苏是全国多湖泊的省份之一，湖泊湿地面积为 $4.21×10^5 hm^2$。江苏湖泊滩地多为淤泥质，自陆到水，按高程可划分为高位滩地、中位滩地和低位滩地[49]。挺水植物带、浮水植物带和沉水植物带依次环湖排列，通常水深超过 3m 便不再有植物生长[50]。

4. 沼泽湿地景观

江苏的沼泽湿地位于高邮湖、邵伯湖、大纵湖等沼泽性冲积平原，面积为 $6.8×10^4 hm^2$，地势为全省最低处，是一个中心低下、四周渐高的碟形洼地。自然土壤为沼泽土，沼泽湿地上芦苇（*Phragmites australis*）丛生，浮水植物野菱（*Trapa incisa* var. *quadricaudata*）和沉水植物菹草（*Potamogeton crispus*）、苦草（*Vallisneria natans*）等呈带状穿插于"芦苇荡"中。

5. 河流湿地景观

江苏较大的河流有长江、淮河、运河等，苏南地区水网交错，苏北里下河地区溪流纵横，河流湿地较多，面积为 $1.57×10^5 hm^2$。以长江为例，其滩地地形多变，按高程形成沙坝、粗荒地、草滩、洼涝地和低洼积水滩地。滩地水情复杂，呈开放系统，冬陆夏水。洪水期间，河水会漫出河床，淹没河漫滩。生态系统以芦竹（*Arundo donax*）、荻（*Miscanthus sacchariflorus*）及耐水湿草本生态系统为主，生态环境比较恶劣。

2.2.3.2　生态系统多样性

1. 盐土生态系统

盐土生态系统分布于淤泥质海岸湿地的潮上带及高潮带。土壤含盐量越高，植物种类组成越简单。盐生植物和耐盐植物如盐角草（*Salicornia europaea*）、盐地碱蓬（*Suaeda* salsa)、碱蓬（*Suaeda glauca*）、中华补血草（*Limonium sinense*）等生长茂盛。底栖动物主要是少数甲壳动物。很多鸟类和滩涂兽类也在此觅食、栖息。

盐土生态系统在开发荒滩裸地中有重要作用，其中盐地碱蓬生态系统是定居原生裸地的先锋，随着盐分下降和有机质含量增加，原生盐渍土上盐土生态系统的演替系列为盐地碱蓬生态系统→大穗结缕草（*Zoysia macrostachya*）或獐毛（*Aeluropus sinensis*）生态系统→白茅（*Imperata cylindrica*）生态系统；次生盐渍土上盐土生态系统的演替序列为盐地碱蓬或碱蓬生态系统→茵陈蒿（*Artemisia capillaris*）生态系统→白茅生态系统。

2. 沼泽生态系统

1）咸水沼泽生态系统

咸水沼泽生态系统主要分布在淤泥质海岸湿地高潮带以下和潮上带的低洼积水区。其植物组成简单，常为单种群落，芦苇、大米草（*Spartina anglica*）、糙叶薹草（*Carex scabrifolia*）、扁秆藨草（*Scirpus planiculmis*）等耐盐植物为优势种，但成土时间不长的滩涂上只有一些藻类存在。该生态系统是经济贝类如文蛤（*Meretrix meretrix*）、四角蛤蜊（*Mactra veneriformis*）、竹蛏（*Solen* sp.）的重要产区，它们与沙蚕（*Nereis* sp.）、海蚯蚓（*Audouinia comasa*）等其他底栖生物均以有机碎屑为食；多种游禽、涉禽在此觅食；微球菌属（*Micrococcus*）、假单胞菌属（*Pseudomonas*）、芽孢杆菌属（*Bacillus*）等属的微生物促进了系统的物质循环（图 2-11）。

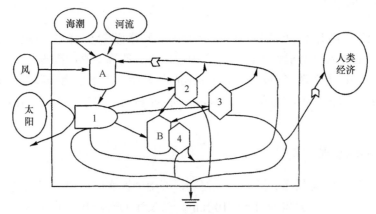

图 2-11　咸水沼泽生态系统能流模型图

1：盐生植物；2：底栖动物；3：植食者；4：微生物

A：有机物，无机物，盐分；B：有机碎屑，无机物

咸水沼泽生态系统的演替也是由盐分下降和有机质含量增加引起的。淤泥质海岸湿地上演替的基本序列为藻类生态系统→糙叶薹草生态系统→扁秆藨草生态系统→芦苇生态系统，或者为藻类生态系统→大米草生态系统→芦苇生态系统。

2）咸淡水沼泽生态系统

咸淡水沼泽生态系统多分布于河口沙洲湿地上。植物主要是芦苇、水葱（*Scirpus tabernaemontani*）、藨草（*Scirpus triqueter*）、海三棱藨草（*Scirpus × mariqueter*）等。它

们的凋落物滋养着大量底栖无脊椎动物，如软体动物河蚬（*Corbicula fluminea*）、焦河篮蛤（*Potamocorbula ustulata*），甲壳动物无齿相手蟹（*Sesarma dehauni*）、天津厚蟹（*Helice tientsinensis*）等，丰富的饵料和良好的栖息场所也吸引了大量冬候鸟和旅鸟[51]。咸淡水沼泽生态系统演替的初级阶段只有一些藻类分布，海三棱藨草和藨草是最先定居滩涂的高等植物，随着盐分下降和有机质含量上升，芦苇入侵并成为优势种。

3）淡水沼泽生态系统

淡水沼泽生态系统主要分布于湖泊周围的滩地、沼泽湿地及河流湿地上。各种水生植物、沼生植物如挺水植物芦苇、水烛（*Typha angustifolia*），沉水植物苦草、眼子菜（*Potamogeton distinctus*）等广泛分布。该生态系统中鸟类资源非常丰富。洪泽湖滩地上有小天鹅（*Cygnus columbianus*）、白枕鹤（*Grus vipio*）、白鹳（*Ciconia ciconia*）等国家重点保护的珍稀鸟类[52]。

3. 水生生态系统

1）盐水水生生态系统

盐水水生生态系统分布于海岸湿地常年积有盐水的塘、沟、渠中，类型和组成简单，主要是川蔓藻（*Ruppia rostellata*）和穗状狐尾藻（*Myriophyllum spicatum*）。川蔓藻是盐水中最早出现的种子植物，随着盐水的淡化，会为穗状狐尾藻所演替。

2）咸淡水水生生态系统

咸淡水水生生态系统主要分布在河口洲滩湿地的咸淡水交汇区，有丰富的营养盐类补给，适合动植物繁殖、生长。浮游生物以硅藻和桡足类为主，底栖生物中多毛类及软体动物占优势，许多鱼类、虾类等在此索饵、产卵、育幼，长江口咸淡水区域就是日本鳗鲡（*Anguilla japonica*）和中华绒螯蟹（*Eriocheir sinensis*）幼苗的生长地域。

3）淡水水生生态系统

淡水水生生态系统主要分布在湖泊湿地的湖水区以及河流湿地的浅水区。各种沉水植物、浮水植物、漂浮植物生长旺盛。多种环节动物、软体动物、节肢动物等构成了底栖动物群落；游泳动物主要是鱼类、虾类；浮游动物多为轮虫、枝角类、桡足类等。各种生物密切联系，维持着生态系统的平衡（图 2-12）。

淡水水生生态系统中的植被处于不断的演变之中。沉水植物群落可以为漂浮植物群落所演替，浮水植物群落又可演替漂浮植物群落和沉水植物群落。最终随着水体沼泽化，挺水植物群落逐步向湖心推进，扩大分布。

4. 沙丘湿地生态系统

沙丘湿地生态系统分布于砂质滩地上，主要是砂质海岸和基岩海岸湿地，面积小，分布区域局限。植物以沙生植物为主，也有极少数耐沙埋植物，如筛草（*Carex kobomugi*）、单叶蔓荆（*Vitex trifolia* var. *simplicifolia*）、柽柳（*Tamarix chinensis*）等。动物主要是穴居和埋栖种类，如圆球股窗蟹（*Scopimera globosa*）、豆形拳蟹（*Philyra pisum*）、长吻沙蚕（*Glycera chirori*）等。

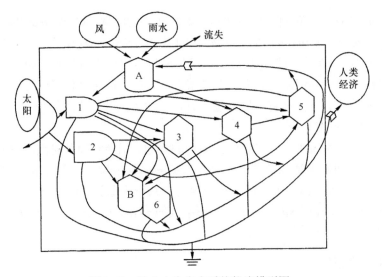

图 2-12 淡水水生生态系统能流模型图

1：浮游植物；2：高等水生植物；3：浮游动物；4：底栖动物；5：鱼虾；6：微生物

A：有机物，无机物,氧气及二氧化碳；B：有机碎屑,无机物

一年生沙生植物是海岸砂质裸地上最早出现的植物，随着基质条件的变化，主要为沙层的深浅、沙粒的粗细以及密切相关的基质湿度和温度的变化，呈现一年生沙生植物生态系统→多年生沙生植物生态系统→沙生灌木生态系统的演替序列。

2.2.3.3 物种多样性

1. 湿地植物多样性

据统计，江苏自然湿地共有高等植物 484 种和 14 变种（含栽培种），隶属 81 科252 属。草本植物有 457 种，占总数的 94.4%，乔灌木及木质藤本仅有 27 种，其中有国家二级珍稀濒危植物中华水韭（*Isoetes sinensis*）、三级珍稀濒危植物珊瑚菜（*Glehnia littoralis*）、江苏地方级珍稀濒危植物单叶蔓荆（*Vitex trifolia* var. *simplicifolia*）。中国种子植物 15 个分布区类型中，江苏自然湿地植物区系有 14 个，仅缺中亚分布类型[53]。

2. 湿地动物多样性

1）湿地鸟类多样性

在江苏海岸湿地已发现的鸟类有 17 目 42 科 241 种。在 1980～1985 年的江苏海岸带和海涂资源综合调查中，统计出江苏沿海共有鸟类 104 种。在 1984～1988 年统计出江苏沿海水鸟共有 126 种和亚种。

2）湿地鱼类多样性

在 1981 年 3 月至 1982 年 2 月和 1983 年 5 月、8 月、11 月及 1984 年 2 月江苏近海和近岸渔业自然资源调查中，共收集到鱼类标本 150 种，隶属于 17 目 73 科 119 属。江苏湖泊鱼类共计有 121 种和亚种，隶属 14 目 26 科。

3）珍稀濒危动物多样性

江苏自然湿地上分布着许多珍稀濒危动物，如丹顶鹤（*Grus japonensis*）、白鹤（*Grus*

leucogeranus)、灰鹤（*Grus grus*）均在江苏沿海及内陆湿地越冬，珍稀水生动物白暨豚（*Lipotes vexillifer*）、中华鲟（*Acipenser sinensis*）等就分布在长江流域[54]。

2.3　浙江沿海区域概况

浙江地处中国东南沿海，位于长江三角洲南翼，北承长三角经济区核心城市上海和经济发达的苏南地区，南接福建、江西等经济区，西连长江内陆流域，东邻东海，陆域面积为 10.55 万 km²，是我国陆域面积较小的省份之一。但是浙江省同时也是我国的海洋大省，全省 11 个地级市中有 7 个是沿海城市，包括嘉兴、杭州、绍兴、宁波、台州、温州以及舟山，其所属的领海和内海面积为 4.24 万 km²，连同毗邻的专属经济区及大陆架海域总面积达 26 万 km²，海岛有 3820 个，其中陆域面积在 500km² 以上的海岛达 3453 个，大陆岸线和海岛岸线长达 6715km，占全国海岸线总长的 20.3%。

自 20 世纪 80 年代以来，世界经济增长重心开始转向亚太地区，长江三角洲地区由于其独特的地理位置和强劲的经济支持，已经成为外商投资的首选之地。而浙江位于长三角经济区南翼，其中杭州等沿海城市作为长三角经济圈的重要组成部分，有力地推动了长三角经济的增长，引领着浙江的经济发展。

浙江具有得天独厚的自然优势，适宜大力发展海洋经济，随之带来的问题是外来人口不断涌入和土地的不断开发利用，人多地少，人口多而且大都集中在东部沿海地区，那么是否能恰如其分地进行滩涂开发利用对解决当前人多地少问题起着决定性的作用。因而，作为中国重要的后备土地资源的滩涂的开发利用对于浙江经济发展的作用十分关键。

2.3.1　浙江沿海滩涂地质与地形地貌特征

浙江沿海及海岛所处的构造单元均属华夏古陆部分，古陆基底为中元古界蓟县系陈蔡群变质岩系，盖层为中生代火山沉积岩系，呈现大面积分布，变质岩系基底少见，其绝大部分被后期火山-沉积岩系覆盖。印支期至燕山晚期，进入大陆边缘活动发展阶段，受古太平洋板块向西俯冲的影响，燕山晚期早白垩世以大规模的火山爆发活动和剧烈的断块活动为特征，断块活动形成火山构造洼地，堆积了巨厚的火山-沉积岩系，地层系统主要为磨石山群和永康群。火山爆发堆积之后伴随有大规模的岩浆侵入活动，沿海地区主要分布着燕山晚期晚白垩世岩浆频繁侵入，岩浆经历了三个阶段的侵入活动，整个岩浆序列经历中酸性—酸性—酸偏碱性演化过程。

2.3.1.1　地层特征

沿海基岩地区主要出露中生代火山-沉积岩系，分布在苍南沿海、温岭沿海、玉环沿海、三门湾及象山港沿岸地区。地层时代均为白垩纪，火山-沉积岩系自下而上由以下地层组构成。

高坞组（K1g）：主要分布在苍南沿海和玉环沿海，岩性为流纹质晶屑熔结凝灰岩、流纹质玻屑晶屑熔结凝灰岩。地层岩石较单一，晶屑含量一般均在40%以上，由石英和长石组成，其粒度粗大，貌似花岗岩，为碎屑流相堆积。

西山头组（K1x）：分布最为广泛，涉及整个沿海地区。岩性为流纹质晶屑玻屑熔结凝灰岩、流纹质玻屑凝灰岩、含角砾玻屑熔结凝灰岩，夹流纹岩、沉凝灰岩、凝灰质砂岩等。岩石组合较为复杂，为爆发相、碎屑流相和火山沉积相堆积。

茶湾组（K1c）：呈现零星分布，规模较小，主要出露于象山港沿岸和三门湾沿岸。岩性为粉砂岩、沉凝灰岩、角砾沉凝灰岩、凝灰质砂岩以及英安质含角砾凝灰岩。岩石组合较为复杂，为火山洼地堆积环境。

九里坪组（K1j）：分布零星，规模较小，常伴随茶湾组，主要出露于象山港海岸和三门湾海岸。岩性为喷溢相流纹岩、斑状流纹岩局部夹有流纹质含角砾凝灰岩。

馆头组（K1gt）：分布局限，规模较小，主要出露于三门湾沿岸，在椒江口北部和苍南南部零星分布。岩性为陆相盆地河湖相粉砂岩、砂岩、沙砾岩夹几层喷溢相安山玄武岩。

朝川组（K1cc）：分布局限，规模较小，主要见于象山县新桥镇东部沿海。岩性为粉砂质泥岩夹沙砾岩、细粒长石砂岩夹少量流纹质含角砾凝灰岩。

小平田组（K1xp）：主要分布在苍南沿海。岩性为流纹岩、流纹质晶屑玻屑熔结凝灰岩夹少量粉砂岩。

小雄组（K2x）：分布在三门县小雄盆地内，即三门湾南部至椒江口北部。岩性为流纹质含角砾玻屑凝灰岩、流纹质角砾玻屑熔结凝灰岩、石英粗面岩、流纹岩夹含角砾沉凝灰岩，以及紫红色粉砂岩、沙砾岩。

2.3.1.2 地质构造特征

浙江地质构造比较复杂，地层自中元古界至第四系发育齐全，地层累计厚度约11 000m。以绍兴—江山深断裂带为界线，可以分为浙东与浙西两大构造单元。浙西北属于江南地层区，浙东南属于华南地层区。浙江海岸带主要位于浙东地区，属于华南地槽褶皱系的一部分，被称为浙东华夏褶皱带。浙江地质历史悠远，可以追溯到10多亿年前盆地等的前寒武纪八都群，在江山城区附近还留有浙江最早的藻类化石沉积（浅析）。浙西北发育沉积岩，地层齐全，沉积厚度大，构造以主要为北东-南西向的紧密线状复式褶皱及与其平行的断裂带为特征。浙东南火山岩发育，地壳厚度较薄，火山喷发活动强烈，覆盖了大片的火熔岩及火山碎屑岩。地质构造以强烈的断块活动为主，断裂十分发育。浙北和浙东沿海平原发育第四纪松散堆积物，形成封闭式、多层次含水层与隔水层相间分布的地下水系统。

浙江海域在地质上属于东海构造单元大陆边缘凹陷和环西太平洋新生代沟、弧、盆构造体系的组成部分，包括浙闽隆起区、东海陆架盆地、钓鱼岛隆褶带、冲绳海槽盆地和琉球岛弧隆起带等构造单元，呈现西隆东凹的构造特征。浙江海域所在的东海陆架是中国大陆的自然延伸，也是全球最宽的陆架之一，最大宽度达600km，最窄处仅340km，平均水深为72m。坡折线以东为冲绳海槽区，水深明显变深，最大深度约2700m。

2.3.1.3　地形地貌特征

浙江地形复杂，山地和丘陵占 70.4%，平原和盆地占 23.2%，河流和湖泊占 6.4%，耕地面积仅有 208.17 万 hm^2，故有"七山一水两分田"之说。根据地貌成因类型基本类同、形态大致相似、在地域上相连的原则，浙江可分为七个地貌区，即浙西中山丘陵区、浙中盆地区、浙北平原区、浙东低山丘陵区、浙南中山区、浙东南沿海丘陵区、平原及岛屿区。习惯上将浙北平原区和浙东南沿海丘陵区统称为浙江沿海平原。

1. 海湾滩涂地形地貌特征

浙江位于长江三角洲南翼，大陆海岸线曲折，北起平湖市金丝娘桥，南至苍南县虎头鼻，分布着杭州湾、象山港、三门湾、浦坝港、乐清湾等许多港湾。

杭州湾两岸地区以海相堆积地貌为特征，构成了地势平坦开阔的北部的浙北平原区和南部的宁绍平原区，杭州湾两岸均为淤泥质海岸。侵蚀剥蚀丘陵地貌零星分布在海宁、海盐和平湖沿海。

浙东沿海地区主要发育侵蚀剥蚀丘陵地貌，由中生代早白垩世火山碎屑岩和燕山期侵入岩组成。堆积地貌主要分布在温岭—黄岩滨海平原、温州—瑞安平阳滨海平原和宁波滨海平原，以及沿海丘陵海湾平原区。平原区地势平坦开阔，以海相堆积为主，分布面积大。

浙江沿海发育众多海湾，有辽阔的滩涂资源，主要来源于沿岸入海河流输沙以及长江入海泥沙扩散。潮滩发育，由粉砂、泥质粉砂等细粒物质组成，主要分布在河口、海湾岸段；基岩海岸地貌不发育，主要分布在苍南沿海，受断裂构造控制，岸线曲折，海蚀作用强烈；沙砾质海岸在沿海不发育，仅占大陆岸线的 4%，其规模较小，由砾石、沙砾或砂质物质组成。

根据岸滩历史动态及演变趋向，浙江岸滩分为淤涨型、侵蚀型和稳定型三类，其分布地段如下：淤涨型岸滩主要分布在杭州湾南岸、三门湾沿岸、椒江口南侧以及瓯江口至鳌江口之间的温州—瑞安平原；侵蚀型岸滩的发育与海水动力条件和地形地貌有关，最典型的是杭州湾北岸岸滩和一些侵蚀型基岩海岸岸滩；稳定型岸滩分布在基岩港湾内，如象山港、三门湾、乐清湾等。岸滩在演变过程中，受到人类活动的较大影响。

根据物质组成，浙江海岸分为淤泥质海岸、砂砾质海岸及基岩海岸，其中淤泥质海岸滩涂最发育。淤泥质海岸指潮间带植被盖度低于 30%，底质以淤泥为主的滩涂海岸，淤泥质海岸潮滩宽阔平缓，物质由泥质粉砂或粉砂质泥组成，季节变化明显，潮滩主要分为粉砂滩、粉砂淤泥滩和淤泥滩。粉砂滩主要分布在杭州湾南岸，粉砂淤泥滩分布在港湾口和河口两侧滩地，淤泥滩则分布在港湾内部。淤泥质海岸有着明显的沉积地貌相带，即高滩、中滩、低滩。高滩为平滩，长草；中滩沟垄地貌发育，是潮滩动态变化最明显的地带；低滩又为平滩，有波浪或浅洼地发育。

淤泥质海岸主要分布于：嘉兴市的平湖市、海盐县；舟山市的嵊泗县、岱山县、定海区、普陀区；宁波市的慈溪市、镇海区、北仑区、鄞州区、奉化区、象山县和宁海县；台州市的三门县、临海市、椒江区、路桥区、温岭市和玉环市；温州市的乐清市、瓯海区、瑞安市、平阳县、苍南县和洞头区。其中，尤以慈溪市庵东涂，象山县大目涂，宁海县下洋涂，三门县梅枝东南涂，椒江区、路桥区及温岭市金清涂，温岭市东浦涂，乐清市乐清东涂，瓯海区滨海至天河涂，瓯海区及洞头区灵昆东涂，瑞安市丁山涂，平阳县平阳涂，苍南县白沙涂等较为著名[55]。

2. 海岛地形地貌特征

浙江海岛地貌形态主要受北东向、东西向和北西向构造线控制，即北东向平阳—普陀深断裂、温州镇海深断裂，东西向昌化—普陀大断裂、衢州—天台大断裂，北西向淳安—温州大断裂、孝丰—三门湾大断裂、长兴—奉化大断裂等。

舟山岛及朱家尖、桃花岛、虾峙岛、六横岛明显受北西向和北东向断裂的影响，呈现北西向展布的格局；北部岱山列岛、大衢山列岛和嵊泗列岛明显受近东西向和北东向断裂的影响，呈现近东西向展布；而中南部玉环岛、洞头岛、南麂列岛及其他岛屿主要受北东向和北西向断裂的影响。断裂切割成断块式隆升与沉降的地貌单元，形成了断块隆升山地与沉降平原格局。

北部舟山群岛低山丘陵属于天台山脉向东北延伸的余脉，中南部岛屿属于雁荡山脉向东延伸的余脉，总体地势趋于变低，均属于燕山运动的产物，主体由白垩纪火山岩系和燕山晚期侵入岩类组成。低山地貌为数不多，只局限于舟山岛黄扬尖（海拔503.60m）和桃花岛对峙山（海拔539.40m）两处。海岛广大地区则以丘陵山地为主，一般海拔为50～450m，其面积约占乡级岛屿总面积的62.37%，发育四级剥蚀面（P1：360～330m；P2：220～160m；P3：130～100m；P4：80～50m）。平原区面积约占乡级岛屿总面积的37.63%，地势平坦开阔，海拔为1～3m，近滨海地带略低，山前地带略高。河流一般局限于较大岛屿之上，出露短小，均属于山溪沟谷型河流，而较小岛屿仅有季节性溪流分布。

从垂直方向上分析，浙江地貌单元为丘陵山地和平原两类，从高到低大致可分为七个类型。根据对乡级岛屿地貌类型分布面积的调查统计，海积平原与丘陵地貌分别约占36.09%和54.86%。

低山与高丘陵：大部属于高丘地貌，海拔为200～500m，超过500m的低山峰共计2座，局限于舟山岛和桃花岛东南。据统计，浙江海岛地区低山高丘地貌约占乡级岛屿总面积的30.61%，地貌单元主要由火山岩组成，花岗岩次之。低山高丘地貌坡度相对较陡，一般为25°～30°。

低丘陵：海拔为200m以下的丘陵地貌，约占浙江乡级岛屿总面积的24.25%，地貌单元主要由火山岩和花岗岩组成。低丘陵地貌的坡度相对较平缓，一般为10°～20°。

洪积平原：分布于山麓沟谷口与冲积平原接壤地带，海拔为10～15m，主要表现为冲积扇裙特征，一般坡度为8°～15°，出露面积约占乡级岛屿总面积的6.14%。洪积平原坡度为10°～15°。

洪积冲积平原：分布于较大沟谷河流下游地段，地貌上具有河道及河漫滩的特征，出露面积约占乡级岛屿总面积的0.612%。洪积冲积平原的坡度为5°～10°。

海积平原：分布广泛，出露于现代滨海岸一侧，地形平坦开阔，一般坡度在2°以内，代表全新世以来的海积地貌，约占乡级岛屿总面积的 36.09%。

冲积海积平原：分布于较大河流下游与海积平原接壤地带，两者交替叠置，具有明显的河流沉积和海积成因特点，约占乡级岛屿总面积的 2.0%。冲积海积平原的坡度均在 5°以下。

风成沙地：由风搬运形成沙丘，一般出露面积较小，只局限于部分沙滩后缘地带，约占乡级岛屿总面积的 0.286%。

此外，浙江山地地形复杂多样，小气候明显，生物资源丰富，为农林牧副渔业的发展提供了有利的条件[56]。

2.3.2　浙江气象气候特征

浙江地处中国东南沿海，处于欧亚大陆与西北太平洋的过渡地带，纬度中低，背陆面海，属于亚热带季风气候区。海岸带地区季风气候尤为显著，冬夏季风交替显著；温度适中，四季分明；光照较多，热量资源丰富；降水充沛，空气湿度较大且一年四季都有明显的特殊天气气候现象。由于浙江位于中低纬度的沿海过渡地带，加之地形起伏较大，同时受西风带和东风带天气系统的双重影响，各种气象灾害频繁发生，是我国受台风、暴雨、干旱、寒潮、大风、冰雹、冻害、龙卷风等灾害影响最严重的地区之一。

浙江气候总的特点是：季风显著，四季分明，气温适中，光照较多，雨水丰沛，空气湿润，雨热季节变化同步，气候资源配置多样，气象灾害繁多。浙江年平均气温为 15～18℃，极端最高气温为 33～43℃，极端最低气温可达-17.4℃；年平均日照时数为 1100～2200h；年平均降水量为 980～2000mm；年平均风速为 2.6m/s，平均风速由近海—沿海—内陆递减，近海地区平均风速一般在 5.0m/s 以上，离大陆较远的海岛地区平均风速可达 7.0m/s。

2.3.2.1　气温与热量

浙江年平均气温为 15～18℃，自北向南逐步递增，其中 17℃等温线横贯浙江中部。年平均气温最低在浙北的湖州、嘉兴地区，年平均气温最高在浙江中部和浙江南部地区。全省冬冷夏热，四季分明。

春季（3～5 月）平均气温为 13.3～17.4℃，由东北部沿海向西南山间盆地逐步递增。浙北平原平均气温为 14.1～15.5℃，浙中盆地为 16.1～17.0℃，浙东南沿海平原大部分地区为 15.1～16.2℃。春季回暖最快的地区是西南山间盆地，回暖最慢的地区是沿海岛屿。

夏季（6～8 月）平均气温为 24.7～28.0℃，东南沿海低，西部内陆高。东部沿海岛屿与南部山区平均气温在 26.0℃以下，浙北平原和东部沿海平原为 26.0～27.0℃，浙中盆地平均气温达到 27.0℃以上。

秋季（9～11 月）平均气温为 16.7～20.5℃，由浙西北向浙东南逐步递增。浙北平原平均气温为 17.2～18.5℃，为全省秋季降温最快的地区。浙中盆地平均气温为 18.0 以上，浙东沿海平原、南部山区大部为 18.3～20.3℃，沿海岛屿平均气温均在 19.0℃以上。

南部地区平均气温达到 20.0℃以上，为全省秋季降温最慢的地区。

冬季（12 月至翌年 2 月）平均气温为 3.3～9.1℃，浙北低于浙南。浙北平原平均气温为 4.56℃，为全省最低，浙中盆地大部分地区平均气温为 5.4～7.0℃，浙南山区、浙东沿海平原大部分地区以及南部海岛等地平均气温在 9.0℃以上，为全省最高。

浙江极端最高气温为 33～43℃，出现时段主要集中在夏季 7 月或 8 月，个别地区如丽水、舟山极端气温出现在 9 月。浙北平原极端最高气温为 38.4～40.5℃，浙中盆地为 39.5～41.3℃，浙江东部沿海地区为 36.6～40.2℃，沿海地区和海岛地区因受海洋气候调节，极端最高气温相对较低，在 39.0℃以下，尤其是嵊泗、洞头、大陈、玉环等地均低于 37.0℃。内陆地区极端最高气温明显偏高，中部内陆盆地因地形闭塞，热量难以散发，极端最高气温都在 40.0℃以上。

浙江极端最低气温，出现时间均在 12 月至翌年 2 月。浙江东部沿海平原与岛屿地区极端最低气温不低于-7.0℃，其中瑞安为-3.5℃，为全省最高，浙中盆地为-11.3～-7.5℃，浙北平原大部分地区为-14.0～-7℃，其中安吉曾达到-17.4℃，为全省最低。

浙江气温年较差为 19.7～24.8℃，由北向南逐步递减，南北相差约 5.0℃。浙北平原气温年较差为 23.1～24.8℃，长兴和安吉达到 24.8℃，为全省最高。浙中盆地气温年较差为 22.0～24.3℃，浙江东部沿海平原为 19.8～22.6℃，南部山区、沿海岛屿与沿海平原部分地区气温年较差低于 20.0℃，为全省最低。

2.3.2.2 光照

1. 太阳辐射

浙江海岛区年总辐射量为 3595～4528MJ/m²，其中年直接辐射量为 1730～2080MJ/m²，年散射量为 1730～2080MJ/m²。浙江沿岸和海岛区总辐射量的分布大致为南部温岭一带为最低值区，向南北增加，最高值区在北部大衢一带。

1 月总辐射量最小，月总辐射量为 190～220MJ/m²，主要原因是这时太阳高度角很小。2～5 月总辐射量随太阳高度角增大而逐渐增加。6 月因受梅雨的影响，阴雨天较多，总辐射量除南部北麂外，其他海岛站反而比 5 月有所降低。7 月和 8 月晴好天气为全年最多，总辐射量为 460～600MJ/m²。之后 9 月云雨增多，辐射量剧减，10 月之后总辐射量随太阳高度角的减小而减小。浙江海岛区总辐射量和同纬度内陆地区相比较大，主要原因是内陆地区的日照百分率小于海岛区。北部大衢一带为浙江海岛总辐射量最大值区，虽然其水汽比内陆地区丰富，但日照百分率高是其总辐射量偏高的主要原因。

2. 日照时数

浙江海岛与沿岸年日照时数平均为 1628～2205h，其分布与太阳总辐射量的分布较为相似。北部海岛区为高值区，南部为低值区，最低值在温岭一带。海岛日照时数 2 月最少，只有 90～125h，3～5 月逐渐增多，6 月受梅雨的影响，除南部海岛外，中北部大多略有减少，7 月或 8 月为全年最多，月日照时数达 210～280h。

3. 日照百分率

浙江海岛与沿岸年日照百分率为 37%～50%，大致呈北高南低分布，最低值在温岭一带。一年中 7 月、8 月两个月份的日照百分率较高，最大日照百分率可达 68%，2 月或 3 月日照百分率较低，多在 40% 以下，南部部分地区为 20%～30%，其他月份日照百分率介于两者之间。

2.3.2.3　降水

浙江东邻东海，海岸带地区水汽来源丰富，降水较多，是全国雨水较多的地区之一。浙江沿岸区域的降水具有明显的季节分布特征：3～9 月降水较多，10 月至翌年 2 月降水较少，降水量常年为 900～1700mm。其中，浙中、浙南沿岸是降水量高值区，年降水量可达 1500～1700mm；海岛和杭州湾北岸降水较少，年降水量为 900～1200mm；沿海地区是全省高暴雨区，实测 24h 最大雨量为 400～500mm；24h 最大雨量曾达 617.4mm（北雁荡山庄屋站），系台风所致。

1. 降水量的时间分布

浙江春季平均降水量为 315.0～697.3mm，占全年降水量的 24.1%～39.7%。春季平均降水量仅次于夏季，属多雨水季节。春季降水的分布特点是：浙江西南部多，东北部少，呈西南—东北走向。浙北平原、浙东丘陵、沿海岛屿为少雨水区，春季降水量为 315～400mm，最小值出现在嵊泗。浙西南丘陵山区为多雨水区，春季降水量在 600mm 以上，最大值出现在开化，达到 697.3mm。浙北平原春季降水量为 315.3～433.8mm，大部分地区低于 400mm，浙中盆地为 405.3～697.3mm，东部沿海平原为 410.8～510.2mm。

浙江夏季平均降水量为 380～789mm，占全年降水量的 31.2%～45.4%。夏季平均降水量最大的地区出现在浙东沿海平原的宁海、平阳、温州和温岭等地，以及开化、江山、龙泉、庆元、泰顺一线，降水量超过 600mm。夏季平均降水量最小的地区出现在浙北平原的嘉兴、平湖、海宁、慈溪和沿海岛屿的嵊泗、普陀、石浦、大陈、洞头等地区，降水量小于 500mm。其他大部分地区降水量为 500～600mm。

浙江秋季平均降水量为 203.8～390.4mm，占全年降水量的 11.8%～25.1%，低于夏季和春季。秋季平均降水量的分布特点是：浙中西部少，东部沿海多。浙北平原秋季降水量为 231.3～344.3mm，杭嘉湖平原地区少于 300.0mm，浙中盆地为 224.3～253.9mm，浙南山区的龙泉和庆元少于 210.0mm，为全省最少。浙东沿海平原与沿海岛屿地区秋季降水量为 300.0～390.0mm，其中浙南的平阳温州、温岭泰顺等地为高值中心，降水量大于 350.0mm，其中泰顺降水量最大，达到 390.4mm。

浙江冬季平均降水量为 154.5～254.3mm，占全年降水量的 9.6%～14.8%，属于少雨水季节。浙北平原大部、浙东沿海平原及海岛地区冬季降水量最少，在 200.0mm 以下，其中天台、嵊泗、临海、嘉兴、玉环等地最少，不足 170.0mm。金衢盆地、建德、淳安及龙泉、庆元等地冬季降水量为 210.0～250.0mm，其中江山、衢州等地大于 240.0mm，为全省的高值中心。

2. 降水量的地理分布

浙江沿海地区正常年降水量为 1200～2200mm，年际变化较大，存在着丰枯交替的隐周期，最大年降水量与最小年降水量比值为 1.9～2.7。沿海地区年降水量南大于北，山区大于平原、海岛。东部沿海地区由于山脉对气流的抬升，形成 5 个高雨区，即四明山、天台山、括苍山、北雁荡山、南雁荡山，多年平均降水量达 1800～2200mm。沿海平原区北部多年平均降水量为 1200～1400mm，东部和南部为 1200～1700mm，多年平均降水量等值线与岸线大致平行，可见地形对降水的影响很大。

3. 暴雨

日降水量大于或等于 50.0mm 称为暴雨（日降水量为 50.0～99.9mm 称为一般暴雨，日降水量为 100～199.9mm 称为大暴雨，日降水量等于或大于 200.0mm 称为特大暴雨）。据部分资料统计，浙江最大暴雨量以舟山群岛（定海站）为最小（312.8mm），北雁荡山（庄屋站）最大，达 617.4mm，地处滨海地区的乍浦站达 418.5mm。暴雨多发生在 8 月、9 月，由于暴雨及其所形成的洪水强度大，下游河道感潮水顶托、排泄不畅，常造成洪涝灾害。

2.3.3 浙江沿海水文特征

2.3.3.1 陆地水文

浙江地势低平，江河众多。其中，容积在 100 万 m^3 以上的湖泊就达 30 余个，如西湖、东钱湖等。此外，浙江的主要河流水系自北向南分别有东苕溪和西苕溪、钱塘江、曹娥江、甬江、灵江、瓯江、飞云江、鳌江八大河流水系。其中，钱塘江为浙江的第一大河，被誉为浙江人的母亲河。陆域河川径流较丰富，含沙量低，多以降水补给为主，多年平均径流总量为 914 亿 m^3，径流模数为 5～20$dm^3/(s\cdot km^2)$，单位面积产水量较高，年径流系数差别较大，变化范围为 0.35～0.7。

2.3.3.2 海洋水文

1. 潮汐

浙江沿海的潮汐主要有正规半日潮和不正规半日潮，浅海分潮小的外海涨落潮历时几乎相等，平均值为 612.5min。沿海各站平均高潮位为 2.95～4.86m，其中杭州湾北岸最高，杭州湾南岸最低，而平均低潮位则是杭州湾南岸高于北岸。浙江沿海各站多年平均海平面为 2.0～2.2m，呈现出南高北低的趋势。近海海域除了以镇海为中心的局部范围属于不正规半日潮，其他地区基本属于正规半日潮。港湾和河口区受浅海分潮的影响，潮位日不等现象比较明显，涨落潮历时差异较大，一般落潮历时大于涨潮历时。浙江沿海属于强潮区，除了镇海、定海一带潮差较小外，其他地区潮差均较大（图 2-13）。镇海多年平均潮差仅 1.76m；穿山为 1.90m；而杭州湾内澉浦的可能最大潮差为 10.18m，实测最大潮差为 8.93m；三门湾的巡检司可能最大潮差为 7.98m，实测最大潮差为 7.75m；乐清湾的漩门港可能最大潮差为 8.92m，实测最大潮差为 8.43m。

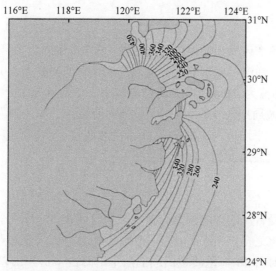

图 2-13　浙江沿海平均潮差等值线（单位：cm）

2. 海流和潮流

如图 2-14 所示，自北向南的黄海沿岸流和由南往北的台湾暖流是影响浙江沿岸的两支主要海流。浙江近海潮流运动的特点包括：运动形式以往复流为主，在港湾、河口

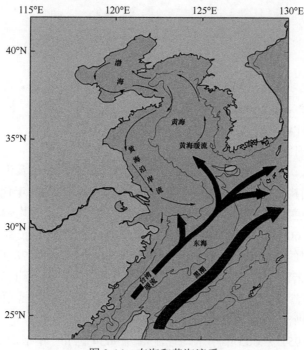

图 2-14　东海和黄海流系

水域及潮汐通道处,受地形、边界条件的制约,往复流的性质更加明显;浙江近海最大潮流流速由东向西递增,大流速均出现在河口、海湾和水道区,大部分站点实测最大落潮流速大于最大涨潮流速,涨落潮流速差值为 10~20cm/s。

3. 波浪

浙江沿岸海域冬季风浪和涌浪以北向为主,夏季以南向为主,春季为东向和东北向,秋季风浪多偏北向、涌浪多偏东北向。北部海域月平均波高为 1.0~2.0m,11 月至翌年 1 月波高较大,平均值为 2.0m,5~7 月波高较小,平均值为 1.0~1.6m,月平均波周期为 4.7~7.0s,最大波周期为 9.0~14.0s。中南部海域月平均波高为 1.5~2.0m,10 月至翌年 2 月波高较大,平均值为 2.0m,其余月份波高较小,平均值为 1.5m,月平均波周期为 5.0~7.0s,最大波周期为 14.0s。

4. 极端海况

浙江沿海地区受台风的影响频繁。台风来袭时间在 5~11 月,其中以 7~9 月比较集中,占总数的 85%之多,7 月最多,占总数的 31%。台风登陆点的空间分布规律是:温岭以南的浙南沿海占 48%,温岭至山间的浙中沿海占 4%,象山以北的浙北沿海占 7%。根据台风年鉴及热带气旋年鉴的数据,2000 年以来严重影响浙江的台风平均每年为 3.1个,登陆浙江的台风平均每年为 1.4 个。台风增水与天文大潮高潮位遭遇时往往导致特高潮位的出现。根据浙江省水文局提供的实测资料,浙江沿海各测站的历史最高潮位均由风暴潮引起,且比平均高潮位高出 2.5~3.6m。杭州湾地区由于其特殊的几何形状,发生极端增水的可能性最大,湾内澉浦站实测最大高潮增水达 3.33m[57]。

2.3.3.3 沿岸泥沙

1. 泥沙来源

浙江沿岸海域导致海岸和岸滩演变的泥沙来源主要有:当地入海河流输送泥沙、浙江沿海及海岛滩涂与海岛开发从长江口入海后扩散南下的泥沙(长江口向浙江沿岸输沙)、海岸侵蚀泥沙以及内陆架再悬浮泥沙四个主要部分。

1)当地入海河流输送泥沙

钱塘江、甬江、椒江、瓯江、飞云江及鳌江 6 条入海河流以及汇入三门湾、乐清湾和象山港的诸小河构成浙江沿岸海域的陆地沙源。自 20 世纪 80 年代以来,由于流域建库及植被条件的改善,江河含沙量呈现大幅度减小的态势,年平均输沙总量也呈下降趋势,即由 20 世纪 60~80 年代的年平均输沙量 1040 万 t,减小至 80 年代后的 720 万 t 左右。现在各江河的陆域来沙量分别是:钱塘江 320 万 t、甬江 28 万 t、椒江 71 万 t、瓯江 205 万 t、飞云江 25 万 t、鳌江 26 万 t、乐清湾诸小河 18 万 t、三门湾和象山港诸小河各 15 万 t 左右。河流来沙中的小部分进入河口外滨,大部分沉积在河口段。

2)长江口向浙江沿岸输沙

长江大通站 1951~2005 年年平均径流量为 9034 亿 m³,年平均输沙量为 4.14 亿 t。

长江年径流量多年来变化不大，但年输沙量 20 世纪 80 年代前呈现略微减少的趋势，80 年代后大幅度减少。在进入长江口的泥沙中，沉积在河口地区的泥沙约有 1.88 亿 t，约占总来沙量的 45.4%，这些泥沙在长江口形成边滩、沙洲、河口拦门沙和水下三角洲；输送到长江口以外的泥沙量约为 2.26 亿 t，约占总来沙量的 54.6%。随着长江年输沙量的减少，输移到浙江海域的泥沙量也减少，20 世纪 90 年代以来减少的幅度明显增加。

3）内陆架再悬浮泥沙

浙江沿海内陆架底质由淤泥质粉砂和粉砂质淤泥组成，在一定的波浪条件下，底质沉积物可发生再悬浮，并在海洋动力的作用下向岸边输移，由此引起近岸泥沙的年补充量难以确定，但大致能够判断其对近岸地形地貌的影响甚微。

4）海岸侵蚀泥沙

浙江海岸包括淤涨型、侵蚀型和稳定型三类。历史资料和近年实地调查的结果表明，浙江海岸淤涨型占绝大部分，约为 88%；侵蚀型甚少，仅占 2%；稳定型占 10%。据此估计，海岸侵蚀的泥沙量约为 1.4 万 t/a，与长江来沙量及当地入海江河的来沙量相比均可忽略不计。

2. 泥沙运动的特点

长江口与浙江沿岸地形复杂，河口与港湾众多，受局部条件的影响，不同岸段泥沙运动的特点明显不同。

1）长江口外海域

长江口悬浮泥沙因黄海暖流、黑潮和台湾暖流形成的几道屏障的影响，向外海的扩散受到一定阻碍，因此相当大部分随东海沿岸流经杭州湾海域向南运移，主要沉积在水深 60m 以浅的内陆架区域，形成了一条与浙闽沿岸平行的淤泥带。

2）杭州湾海域

冬季长江的入海泥沙及邻近海域再悬浮的泥沙在南北两股强弱不同的涨落潮流和盛行西北风的吹送下，以南岸水域净出、北岸水域净进的半封闭平面环流形式运移；夏季北邻长江的径流作用相对增强，而潮流作用相对减弱，泥沙以北岸水域净进、南岸水域净出的半封闭平面环流方式运移。自然条件下杭州湾净沉积并不显著，但湾内外泥沙交换十分活跃。

杭州湾水域的含沙量随潮流的强弱变化。含沙量由东向西逐渐增大，芦潮港、金山、乍浦和澉浦断面平均含沙量分别为 1.99kg/m^3、2.19kg/m^3、2.31kg/m^3 和 3.21kg/m^3。这种变化趋势与潮差和涨潮流速的变化趋势基本一致，说明潮流是输沙的主要动力。沿湾口含沙量的分布具有北高（3.0kg/m^3）南低（1.45kg/m^3）的特点；湾中金山浦断面则是北低（0.85kg/m^3）南高（3.7kg/m^3）。在海域平面上含沙量存在 3 个高值区和 2 个低值区，最高值与最低值相比可达 5 倍之多。3 个含沙量高值区分别为南岸庵东边滩前沿（平均含沙量为 $3.0\sim5.5\text{kg/m}^3$）、湾顶（平均含沙量为 $3.0\sim4.0\text{kg/m}^3$）和湾口北岸南汇嘴前沿（平均含沙量 $2.5\sim3.0\text{kg/m}^3$）。2 个含沙量低值区分别为北岸金山嘴—郑家埭一带（平均含沙量为 $0.5\sim1.0\text{kg/m}^3$）和湾口南岸（平均含沙量为 $1.0\sim1.5\text{kg/m}^3$）。

3）浙江南部开敞海域

从长江口向南的近岸流经过杭州湾继续向南进入浙闽沿岸区，沿途不断发生沉积。从不同时期的卫星图可以看出，在浙江沿岸 30～40km 的范围内存在一条明显的泥沙浑浊带，浑浊带在离岸方向的范围由北向南逐渐减小，表层水体含沙量也由北向南逐渐降低。也就是说，巨量的长江入海泥沙通过江浙沿岸流向南输送，在输送的过程中，大量泥沙在沿海海区沉积下来，这些细颗粒沉积物极易为波浪所扰动而重新悬浮，并借助潮流作用向岸运移，是浙江南部海岸带造床过程的主要物质来源。

3. 浙江沿海泥沙补给量

基于 1959 年以来浙江沿岸海域主要区域 15m 等深线以内海床冲淤量的资料，分析不同时期的泥沙平衡，可估算不同时期浙江海岸区域海床的淤积量，得到以下结果。

（1）1959～2003 年浙江沿岸海域泥沙总补给量约为 2.21 亿 t/a，其中钱塘江口杭州湾海域约为 1.36 亿 t/a，象山港及三门湾海域约为 0.36 亿 t/a，椒江口台州湾海域约为 0.25 亿 t/a，瓯江口温州湾海域约为 0.24 亿 t/a。

（2）1959～1989 年浙江沿岸海域泥沙总补给量约为 2.02 亿 t/a，其中钱塘江口杭州湾海域约为 1.06 亿 t/a，象山港及三门湾海域约为 0.36 亿 t/a，椒江口台州湾海域约为 0.30 亿 t/a，瓯江口温州湾海域约为 0.30 亿 t/a。同时期，长江大通站平均输沙量约为 4.35 亿 t。

（3）1989～2003 年浙江沿岸海域泥沙总补给量约为 2.63 亿 t/a，其中钱塘江口杭州湾海域约为 2.00 亿 t/a，象山港及三门湾海域约为 0.36 亿 t/a，椒江口台州湾海域约为 0.17 亿 t/a，瓯江口温州湾海域约为 0.10 亿 t/a。同时期，长江大通站平均输沙量约为 3.28 亿 t。

以上结果表明，浙江沿岸海域泥沙年总补给量约为 2.21 亿 t，是滩涂塑造的主要沙源，每年可使浙江沿海新增大约 4.5 万亩滩涂。据分析，这一局面在今后一段时间内仍可维持，但随着长江来沙量持续减少，长远来看，浙江沿海滩涂自然淤涨的速度将呈现逐渐减缓的趋势。

2.3.4 浙江海岸带滩涂资源特征

浙江海岸带滩涂资源十分丰富，海岸线总长 6715km，居全国首位，其中大陆岸线长 2218km，海岛岸线长 4497km。浙江海岛总数 3820 个，居全国第一，其中面积在 500km² 以上的海岛有 3453 个。浙江近海渔场面积为 22.27 万 km²，渔业资源的组成有鱼类、虾类、蟹类、头足类、贝类和藻类等，可捕捞量居全国第一。近几年浙江海洋渔业捕捞量每年超过 300 万 t，其中鱼类产量约为 200 万 t，占海洋总捕捞量的 65%，虾类产量超过 60 万 t，占 20%，头足类产量超过 30 万 t，占 10% 左右。浙江深水岸线资源非常丰富，沿海可建设万吨级以上泊位的深水岸线资源有 100 多处，总长近 482km，其中 50% 以上前沿水深大于 20m。2010 年浙江沿海港口货物吞吐量为 7.8 亿 t，集装箱吞吐量为 1403.7 万 TEU[①]。浙江海洋能源蕴藏丰富，潮汐能、潮流能、波浪能、盐差能和沿海风能的可开发容量均居沿海省区市前五位，其中潮流能居全国首位，潮汐能居全国第二。浙江东

---

①TEU 为标准箱。

邻东海，海域辽阔，发育有东海陆架盆地和冲绳海槽弧后盆地两个大型沉积盆地，油气资源丰富，为我国发展油气勘探开发的重点地区之一。

2.3.4.1　海岸概况和滩涂类型、资源量及其分布

1. 海岸概况

1）淤泥质海岸

浙江淤泥质海岸长达 1000 多千米，约占大陆岸线总长的 54%，依据所处位置分为河口平原型海岸和港湾淤积型海岸，前者又根据动态变化分为侵蚀型海岸和淤积型海岸。侵蚀型河口平原海岸主要分布在杭州湾北岸，从澉浦至金丝娘桥（金丝娘桥以东海岸属上海范围）。历史资料表明，杭州湾北岸自秦汉以来就处于侵蚀状态，目前由于海塘及其他工程措施，岸线坍塌受到了控制，因此也被视为人工稳定海岸线。侵蚀型河口平原海岸潮滩不发育，仅在凸出山体掩护处有较宽的海岛潮滩存在。海岛滩涂与海岛开发沿淤积型河口平原海岸主要分布在杭州湾南岸、椒江口、瓯江口、飞云江口、鳌江口两岸。历史资料表明，浙江该类型岸线一直处于淤涨状态，潮滩发育一般宽 4～6km，最宽可达 10km（慈溪庵东），滩面坡降小，为 0.5‰～1‰。

浙江港湾淤积型海岸可分为粉砂-淤泥质海岸和淤泥质海岸。粉砂淤泥质海岸主要分布在动力条件较强的开敞港湾内，如象山大目涂、玉环隘顽湾以及象山港、三门湾湾口地区，大多处于缓慢淤涨状态，潮滩较为发育，滩宽一般为 1～3km，坡度较平缓，如大目涂坡度为 1%左右，一般冬淤夏冲。淤泥质海岸分布在象山港、三门湾及乐清湾等半封闭海湾内，潮滩发育，滩宽一般为 1～3km，坡度平缓，小于 1‰。

2）基岩海岸

基岩海岸主要分布在平阳县的平阳嘴向南至浙闽交界的虎头鼻，以及沿海岛屿的迎浪面。浙江大陆岸线中基岩海岸长 718km，占浙江大陆岸线的 32.4%。基岩海岸濒临开敞海域，海蚀作用强烈。

3）砂砾质海岸

砂砾质海岸在浙江不太发育，仅占岸线总长的 4%左右，主要见于基岩岬角之间的小海湾，有砾石海岸和砂质海岸之分。砾石滩主要分布在小型海湾的顶部。沙滩一般发育在比较大的海湾内，如普陀山千步沙和百步沙、朱家尖南沙、大长涂小沙河等，宽度一般为 150～300m，宽于砾石滩，窄于淤泥滩，坡度为 20‰～50‰。

2. 滩涂类型

浙江滩涂可分为河口区滩涂、平直海岸区滩涂、港湾内滩涂和岛屿周边滩涂四种类型。河口区滩涂以钱塘江口的意溪边滩最为典型，滩涂范围大，淤涨速度快。平直海岸由于外海波浪向岸边输沙，也会形成较大范围的边滩。港湾由于隐蔽条件好，水动力交换相对较弱，泥沙容易落淤，四周也易形成滩涂。岛屿周边由于水道纵横、水动力较强，滩涂面积往往较小，主要分布在流影区或岛屿的凹岸缓流区。

根据冲淤特性，浙江滩涂可分为淤涨型、稳定型和侵蚀型三类。淤涨型滩涂主要分

布在钱塘江口、杭州湾、三门湾、台州湾、隘顽湾、漩门湾、瓯江口、飞云江口及鳌江口外两侧,是浙江滩涂资源的主要分布区;稳定型滩涂主要分布在隐蔽的基岩港湾内,如象山港、乐清湾等,大多有极缓慢淤涨的趋势;侵蚀型滩涂主要分布在杭州湾北岸、苍南琵琶门以南、岛屿的迎浪面[57]。

3. 滩涂资源量及其分布

新中国成立以来,对浙江滩涂资源共开展过六次全面考察,根据 2010~2011 年的第六次全省沿海(江)滩涂资源调查工作,滩涂面积为 228 626.70hm²,理论深度基准面与 2m 深度基准面之间的资源为 126 000hm²,2m 深度基准面与 5m 深度基准面之间的资源为 216 666.67hm²。

浙江省沿海(江)7 个地级市中,以宁波市的滩涂资源最为丰富,面积为 74 760.00hm²,占全省滩涂资源总量的 32.70%。

浙江各县(市、区)中,慈溪市的滩涂资源量最大,为 26786.67hm²,占全省滩涂资源总量的 11.72%;其次是象山县、宁海县、温岭市、海宁市、三门县,滩涂资源面积均在 1 万 hm² 以上[58]。

2.3.4.2 深水岸线和港口航道资源

沿海港口深水岸线是指适宜建设各类型万吨级及以上泊位的沿海港口岸线(含维持其正常运营所需的相关水域和陆域)。浙江受自然地形以及地质构造的影响,海岸线漫长且曲折,港湾、河口、岛屿众多,其中面积比较大的港湾包括杭州湾、象山港、三门湾、浦坝港、隘顽湾、乐清湾、大渔湾、沿浦湾等。而在港湾内和岛屿之间,又存在众多的潮汐汊道和通道,为浙江沿海形成众多理想港口和航道提供了天然的条件。此外,舟山的定海区岑港、宁波的北仑港以及浙南的大麦屿港都是优良的深水港口,这些港口地理位置优越,依托的城市经济发达。

根据浙江深水岸线及港口航道资源评价结果,浙江沿海具有建港潜力且前沿水深在10m 以上的深水岸线资源有 100 多处,总长近 482km,其中前沿水深为 10~20m 的深水岸线为 212km,占 44.0%,前沿水深大于 20m 的深水岸线为 250km,占 51.9%。沿海各市中,舟山市拥有深水岸线资源 286.1km,占全省的 59.4%;其次是宁波市,拥有深水岸线资源 102.7km,占全省的 21.3%;嘉兴市、台州市和温州市分别拥有深水岸线资源 31.5km、32.6km 和 28.9km,占全省的比例分别为 6.5%、6.8%和 6.0%。浙江沿海主要航道有 100 条左右,主要是南北方向的外航路、东航路、中航路和西航路,以及进出各大港口的东西向航路。除个别港区外,绝大多数航道的水深条件较好,能够满足万吨以上海轮前往深水泊位靠泊作业的需求。

2.3.4.3 海洋渔业资源

浙江位于中低纬度地带,属于亚热带季风气候区,海域气候和水温非常适合海洋生物的生存。浙江位于东海中北部,占据东海大部分海域,海域西部为广温低盐的沿岸水系,海域东南部外海有高温高盐的黑潮流过,其分支台湾暖流和对马暖流控制着浙江大部分海域，海域北部有黄海深层冷水楔入，三股水系相互交汇，饵料生物丰富。同时，浙江沿海岛屿众多，海岸线曲折漫长，滩涂广阔，水质肥沃，气候适宜，海洋初级生产力较高，海洋浮游动植物的丰度和广度都非常适合海洋经济生物的繁衍生息。因此，海洋生物资源种类繁多且数量巨大，盛产多种鱼类、虾类、贝类产品，以及其他各种海洋资源，无论是生物资源的密度还是生物量均在全国处于前列。得天独厚的优越条件造就了浙江沿海的生物多样性，水产种质资源非常丰富，形成了我国渔业资源蕴藏量最为丰富、渔业生产力最高的渔场，近海最佳可捕捞量占全国的 27.3%。

根据浙江海岸带和海涂资源综合调查，浙江海洋生物共有 2000 余种。在渔业捕捞的主要游泳生物中，最高年产量达万吨以上的种类有 19 种。此外，浙江海岸带单生殖周期和短生殖周期的生物种类繁多，如乌贼、海蜇、鲱、虾、蟹等，这些生物具有比较强的繁殖能力，能保证每年的高产高销。加之浙江海域丰富的浮游动植物以及软体动物为经济鱼类提供了丰富的饵料，这一切都为浙江渔业生产提供了非常有利的条件。同时，由于沿海黑潮流动，北部外侧受黄海冷水团的季节性影响，导致多种鱼类、虾类、蟹类在浙江海域繁育和洄游，在东部沿海形成了众多优良的渔场，如舟山渔场、象山港渔场、大目洋渔场、猫头洋渔场、渔山渔场以及渔外渔场等，尤以舟山渔场最为著名，是中国海产经济鱼类最多的集中产区，被誉为"祖国的鱼仓"。

2.3.4.4　海洋旅游资源

温和湿润的气候条件、形态多样的地面特征、历史悠久的人类活动以及深厚的文化底蕴造就了浙江奇特的滨海自然景观和优美的海洋人文景观，包括丘陵基岩海岸形成的海蚀地貌，如嵊泗列岛、大陈岛、洞头列岛等，通常能见到独特的海蚀崖、海蚀槽、海蚀平台等海蚀石景，有可供旅游开发的沙滩资源，如舟山群岛的泗礁、普陀山、朱家尖等，在杭州湾有气势磅礴的钱塘潮，同时沿海地区形成了杭州—绍兴—宁波—舟山一线的海陆旅游走廊，舟山—台州—温州一线形成了串珠状沿海旅游线等。

根据 2003 年基于《旅游资源分类、调查与评价》（GB/T 18972—2017）进行的浙江旅游资源普查，沿海 7 个地级市的旅游资源单体总数达 13 545 个（不含未获等级的资源单体，下同），占全省旅游资源单体总量的 1/4。其中，沿海 31 个县（市、区）及余杭区、滨江区、海曙区、江东区、江北区共 36 个县（市、区）拥有各类旅游资源单体 7332 个，上述县（市、区）中直接临海的 262 个乡（镇、街道）拥有各类旅游资源单体 3573 个。从资源等级看，36 个县（市、区）拥有五级单体 90 个、四级单体 252 个、三级单体 1152 个，优良级单体数占单体总量的 20.39%。其中，262 个直接临海的乡（镇、街道）拥有五级单体 51 个、四级单体 135 个、三级单体 572 个，优良级单体数占单体总量的 21.2%。

沿海地带旅游资源类型丰富。在全国旅游资源 8 个主类、31 个亚类、155 个基本类型中，36 个县（市、区）拥有的旅游资源单体涵盖了全部 8 个主类、30 个亚类、141 个基本类型。在 8 个主类中，建筑与设施类资源最丰富，单体数量为 3868 个，地文景观类资源次之，单体数量为 1496 个，水域风光类资源居第三位，单体数量为 471 个。其他主类按单体数量排序依次为：人文活动类 389 个，遗址遗迹类 385 个，生物景观类

365 个，旅游商品类 321 个，天象与气候景观类 37 个。

浙江滨海旅游资源在空间分布上呈现出大分散、小集中的格局，一方面为各地发展滨海旅游业提供了资源基础，另一方面也为开发建设大规模、综合性的滨海旅游目的地创造了条件。根据旅游资源禀赋，全省可划分出十大滨海旅游资源富集区，包括杭州湾北岸、中街山列岛、大长涂岛和小长涂岛、梅散列岛、马鞍群岛、强蛟半岛、半招列岛—渔山列岛、台州列岛、玉环岛和洞头列岛[57]。

2.3.4.5 多宜性滩涂资源

浙江沿海潮间带多属于开敞式岸滩,泥沙来源丰富,大部分区域具有不断淤涨的特点。浙江海图 0m 线以上潮间带滩涂资源为 2285.14km^2，其中分布于大陆沿岸的约为 1853.48km^2，分布于海岛四周的约为 431.66km^2。从潮间带滩涂资源类型分布上来看，主要是粉砂淤泥质滩，面积达 2159.72km^2，占总面积的 94.5%；其次是砂砾滩和岩石滩，两者面积相差不大，分别是 64.84km^2 和 60.58km^2，分别占总面积的 2.8%和 2.7%。

从分布区域来看，宁波市滩涂面积最大，达到了 744.68km^2，占总面积的 32.59%；其次是温州市，滩涂面积达到了 656.07km^2，占总面积的 28.71%；台州市的滩涂面积也比较大，达到了 460.13km^2，占总面积的 20.13%。三个市的滩涂面积之和占总面积的 81.43%；其他地区的滩涂面积都较小，其中杭州市滩涂的面积最小，仅有 11.20km^2，占总面积的 0.49%（表 2-5）。

表 2-5　浙江沿海潮间带滩涂资源分布统计

分布地区	滩涂面积（km^2）	面积占比（%）
舟山	184.42	8.07
嘉兴	141.40	6.19
杭州	11.20	0.49
绍兴	87.25	3.82
宁波	744.68	32.59
台州	460.13	20.13
温州	656.07	28.71
全省合计	2285.15	100

浙江潮间带滩涂大致可分为三种类型，即河口平原外缘的开敞岸段、由半封闭港湾组成的隐蔽岸段及岛屿岸段。这三种类型的潮间带滩涂，在形状、单片土地面积和集中分布的程度方面存在着较大的差异。由于浙江的潮间带滩涂资源主要分布于河口等开敞岸段，因此从总体上看资源的完整性尚好。

第 3 章　滩涂资源分布及其时空演变

3.1　数据获取及解译

3.1.1　Landsat 遥感影像数据获取及预处理

3.1.1.1　Google Earth Engine 平台

本书采用 Google Earth Engine（GEE）提供的 JavaScript API（图 3-1）进行地理信息数据处理和统计。GEE 是一个基于谷歌云计算建立的可用于行星尺度的地理信息数据分析的平台，发布于 2010 年[59]。该平台提供了近 40 年 PB 级的历史遥感影像及其他数据、大规模的并行计算能力和交互式应用程序接口（application programming interface，API）[60, 61]。与传统的地理信息处理软件（如 ENVI 等）相比，GEE 具有以下 3 个优点：①对硬件要求低，基于 GEE 平台编写数据获取、数据处理和可视化程序；②GEE 的使用权限可以免费获取，通过该平台可以免费获取 Landsat、Modis、Sentinel 等多种遥感数据和矢量数据；③计算效率高，GEE 采用先进的并行计算技术，在数据处理上速度有明显的优势。例如，Hansen 等[62]通过 1430 亿个像元大小的数据处理获取了高分辨率的 21 世纪全球尺度森林覆盖变化，Murray 等[11]通过全球 70 万张 Landsat 影像进行了全球尺度的滩涂提取。

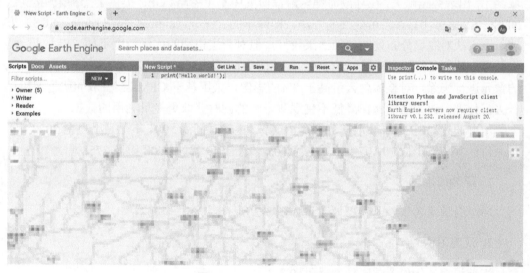

图 3-1　JavaScript API 界面

3.1.1.2　Landsat 遥感影像获取

采用的遥感影像数据为 Landsat 卫星系列遥感数据。Landsat 计划是美国地质调查局

（USGS）和美国国家航空航天局（NASA）的一项联合计划，从 1972 年至今一直持续观测地球，是目前为止持续时间最长的地球观测计划[63]，适用于长时间序列的滩涂遥感监测。由于 Landsat ETM 7 部分影像存在条带缺失，本书仅采用 1984～2020 年 Landsat 5 TM（LT05）和 Landsat 8 OLI（LC08）的经过一级地形校正（L1T）的地表反射率数据。这些数据的空间分辨率为 30m，重现周期约为 16d，并经过了几何校正、辐射定标和大气校正处理[64]。本书主要使用可见光和红外波段，LT05 和 LC08 数据的各个波段频谱范围及波段号的对应关系如表 3-1 所示，两种传感器在部分波段频谱范围略有差异，但观测结果具有较好的连续性[65]。

表 3-1 LT05 与 LC08 可见光和红外波段的对应关系

波段	LT05		LC08	
	波段号	频谱范围（μm）	波段号	频谱范围（μm）
蓝波段（Blue）	B1	0.45～0.52	B2	0.45～0.52
绿波段（Green）	B2	0.52～0.60	B3	0.53～0.60
红波段（Red）	B3	0.63～0.69	B4	0.63～0.68
近红外波段（NIR）	B4	0.76～0.90	B5	0.85～0.89
短波红外 1 波段（SWIR1）	B5	1.55～1.75	B6	1.56～1.66
短波红外 2 波段（SWIR2）	B7	2.08～2.35	B7	2.10～2.30

可见光对云层穿透力弱，需要对获取的 Landsat 影像中每张影像的云、阴影、雪等不良观测值进行去除。Landsat 采用波士顿大学开发的 CFMask 算法[66]为影像添加质量波段，可以用于制作云、阴影、雪等要素的掩膜。该方法采用温度波段作为输入，对温度差异较大的地区会错误地识别为云或阴影，特别是沿海防波堤等人工岸线分布的区域，经常出现数据缺失，在环渤海地区滩涂研究中不可忽略。GEE 提供了一种采用亮度、NDSI[67]等信息计算含云可能性的方法，即简单的云评分（simple cloud score，SCS）方法，该方法对堤坝分布处的处理结果较好，但对云层识别的整体精度不如 CFMask。结合两种方法，对整体含云量低于 3%的遥感影像，采用 SCS 方法对含云可能性高于 30%的像元进行去除，对整体含云量高于 3%的影像，采用基于 CFMask 生成的质量波段进行去云处理。该方法能够在降低不良观测影响的同时获取更多可利用的数据。

本书通过 GEE 平台获取研究区域内影像，检索时间为 1984 年 1 月 1 日至 2020 年 9 月 1 日，共获取影像 10 407 幅，包括 LT05 影像 7649 幅、LC08 影像 2758 幅。

1. 环渤海地区

环渤海地区各年份遥感影像数量如图 3-2 所示。

2. 江苏沿海

江苏沿海各年份遥感影像数量见图 3-3。

3. 浙江沿海

浙江沿海各年份遥感影像数量见图 3-4。

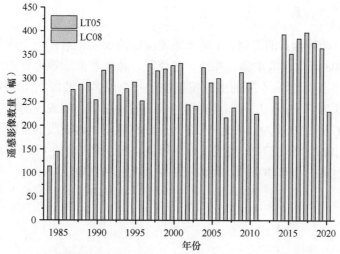

图 3-2　环渤海地区各年份遥感影像数量（2012 年无数据）

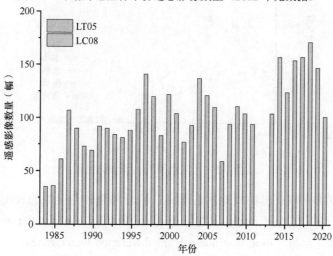

图 3-3　江苏沿海各年份遥感影像数量（2012 年无数据）

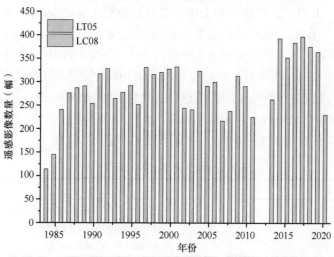

图 3-4　浙江沿海各年份遥感影像数量（2012 年无数据）

3.1.1.3 添加波谱指数

由于化学结构等因素的影响，不同土地覆盖物的反射光谱在一个或多个波段的表现不同。通过 LC08 影像选取水体、裸地、建成区、植被和滩涂等地物的波谱信息进行分析，结果如图 3-5 所示，不同的土地覆盖物在一个或多个波段上是可分离的。植被在 NIR 波段（波长为 0.87μm 左右）具有相对较高的反射率，该波段的辐射能被细胞壁散射[68]，在 Red 波段（波长为 0.66μm 左右）反射率较低，该波段的辐射能被叶绿素吸收较多。与植被相比，水体在 NIR 波段反射率较低，在可见光波段（波长为 0.45～0.68μm）具有较高的反射率。与水体相比，滩涂在 NIR 波段反射率较高。

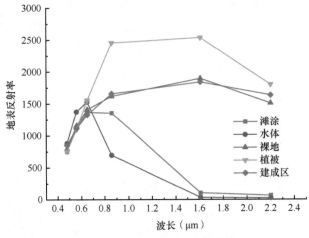

图 3-5　不同地物的多光谱曲线

本书使用波谱指数突出不同地物的差异，构造滩涂分布提取的规则。在以往的研究中，常用的波谱指数包括归一化水体指数（normalized difference water index，NDWI）[69]、修正的归一化水体指数（modified normalized difference water index，MNDWI）[70]、归一化植被指数（normalized difference vegetation index，NDVI）[71]、增强植被指数（enhanced vegetation index，EVI）[72]、修正的土壤调整植被指数（modified soil-adjusted vegetation index，MSAVI）[73]、归一化建成区指数（normalized difference built-up index，NDBI）[74]等，常用波谱指数的计算公式如表 3-2 所示。其中，MNDWI 和 NDWI 用于突出水体分布，NDVI、EVI、MSAVI 可以反映植被绿度，NDBI 用于突出城镇建设用地。由于建立规则不同，同一类波谱指数反映的信息也各有特色，如 NDWI 在进行水体提取时对植被有一定的抑制作用，MNDWI 采用的 SWIR1 波段对水体更加敏感。与 NDVI 相比，植被指数中 EVI 能有效减少使用过程中的饱和现象，提升对比度[72]。

表 3-2　常用波谱指数的计算公式

指数名称	公式
NDWI	$(\text{Green} - \text{NIR})/(\text{Green} + \text{NIR})$
MNDWI	$(\text{Green} - \text{SWIR1})/(\text{Green} + \text{SWIR1})$
NDVI	$(\text{NIR} - \text{Red})/(\text{NIR} + \text{Red})$

续表

指数名称	公式
EVI	$2.5 \times (\text{NIR} - \text{Red})/(\text{NIR} + 6 \times \text{Red} - \text{Blue} + 1)$
MSAVI	$\left[2 \times \text{NIR} + 1 - \sqrt{(2 \times \text{NIR} + 1) - 8(\text{NIR} - \text{Red})} \right] \big/ 2$
NDBI	$(\text{SWIR1} - \text{NIR})/(\text{SWIR1} + \text{NIR})$

如图 3-6 所示，基于 LC08 影像对建成区、裸地、滩涂、植被、水体五种不同土地覆盖地物分别选取 1000 个样本进行统计分析。植被、建成区、裸地等区域植被指数大于水体指数，水体区域植被指数小于水体指数，而滩涂区域的水体指数 MNDWI 通常大于植被指数，水体指数 NDWI 通常小于植被指数。因此，可以基于波谱指数建立规则进行信息提取，也可以将波谱指数作为分类特征输入分类器，提升分类精度。

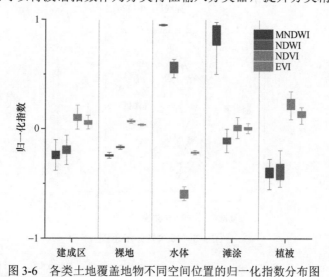

图 3-6　各类土地覆盖地物不同空间位置的归一化指数分布图

3.1.2　滩涂分布遥感解译模型

对监测区域内的滩涂进行提取，并根据滩涂和岸线变动范围将滩涂划分为内陆滩涂和潮间带滩涂。本部分主要研究的滩涂为海岸线附近一定周期内水陆变动较大的裸露地表，包括水域经常淹没的基岩、砂质和泥质裸地，不包含植被长期覆盖区域（图 3-7）。在进行滩涂划分时，借鉴廖华军等[75]对相邻两个时期滩涂固有区和净变区的划分方式，以 1984～2019 年海岸线为基础，以固有区边界向陆地延伸 1km 的缓冲区边界作为分界线，认为分界线向海洋方向的滩涂属于潮间带滩涂，分界线向陆地方向的滩涂属于内陆滩涂（图 3-8）。

利用一定周期内的遥感影像序列进行滩涂提取。本书采用的滩涂提取流程主要分为 4 个步骤：①对去云的影像逐幅进行水体提取（二值化）；②根据各幅影像的水体和陆地分类结果计算周期内水体出现的频率；③采用阈值将研究区域划分为水体、滩涂和陆地；④后处理和精度评价。滩涂提取流程如图 3-9 所示，以环渤海地区滩涂提取为例，介绍滩涂提取流程。

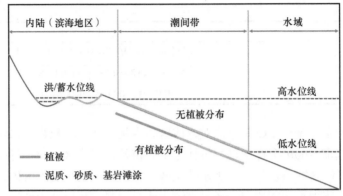

图 3-7　常见的滨海滩涂示意图（光滩指黄色区域内的滩涂）

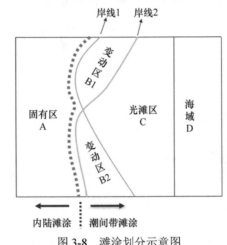

图 3-8　滩涂划分示意图

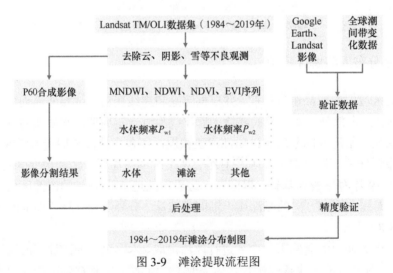

图 3-9　滩涂提取流程图

3.1.2.1　地表水体分布范围提取算法

本书采用 NDWI 和 MNDWI 水体指数、EVI 和 NDVI 植被指数 4 种光谱指数对单幅影像水体的瞬时边界进行提取。

以往的研究中，多数学者采用 NDWI＞0 或 MNDWI＞0 对水体进行提取[69, 70]。由于城镇等表面物质复杂多变，采用以上规则对水体进行提取可能存在对水体的错分或漏分，因此需要对阈值进行调整，此外，仅采用水体指数在水体和植被等地物的区分中存在较大误差[76-79]。为降低手动调整阈值带来的影响、提升自动化程度，Donchyts 等[80]采用最大类间方差法对研究区域内 15%合成影像的阈值进行自动检测，由于水陆混合区域的水体指数频率分布曲线通常为双峰曲线，进行水陆分离时，错分会导致水体和陆地间的方差减小，因此最大的类间方差对应的指数值即为最佳阈值。为了有效利用遥感影像时间序列，Zou 等[76, 78, 79]和 Wang 等[77]通过水体指数和植被指数组合的方式建立了水体的提取规则（MNDWI＞NDVI 或 MNDWI＞EVI，EVI＜0.1），该算法在提取水体时降低了植被的影响。

本研究发现，波谱指数从陆地向水体过渡时变化趋势不同。以莱州湾内与岸线垂直的某断面为例，陆地向水体过渡时 MNDWI、NDWI、EVI 和 NDVI 的变化如图 3-10 所示。从陆地向水体过渡时，MNDWI 和 NDWI 呈现上升趋势，EVI 和 NDVI 则呈现下降趋势。MNDWI 和 NDWI 的变化情况不一致，其中 MNDWI 对水体较为敏感，因此上升较早，其与植被指数交点处 EVI＜0.1，NDWI 在湿润的土体和浅水中变化较小，上升较晚，其与植被指数相交处 EVI＜0。此外，EVI 和 NDVI 在潮上带和潮间带的下降趋势基本一致，进入水体后，NDVI 下降趋势更加明显，由低含沙水体向高含沙水体过渡时，NDVI 升高明显，NDWI 降低明显，MNDWI 和 EVI 变化较小。

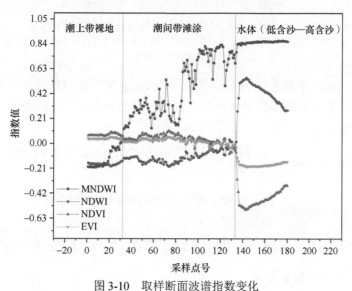

图 3-10　取样断面波谱指数变化

为探究上述规律在其他断面的适用性，以 2018 年黄河口附近含云量最低的单幅影像（LANDSAT/LC08/C01/T1_SR/LC08_121034_20180309）为例，采用不同规则进行水体提取，进而提取水陆边界，对不同算法提取结果进行对比，结果如图 3-11 所示。NDWI 对水含量敏感性较低，会将湿润土壤和较浅的水体识别为陆地，采用 NDWI 获取的水边线为该时刻较低水位的水边线（图 3-11a、c），可用于对滩涂与水体边界的提取。MNDWI 对水含量敏感性较高，会将湿润土壤检测为水体，采用 MNDWI 获取的水边线为该时刻较高水位的水边线（图 3-11b、d），可用于滩涂与陆地边界的提取。此外，与单纯采用水体指数的提取结果（图 3-11a、b）相比，采用水体指数和植被指数结合的算法提取结果（图 3-11c、d）中对高含沙水体和植被的错分概率降低。

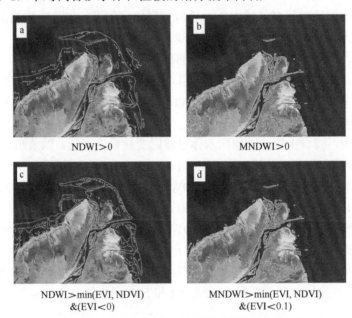

图 3-11　不同规则获取的水陆边界结果对比图

较深的紫红色为滩涂，较浅的紫红色为高含沙水体，黑色和蓝色为水体，陆上绿色至黄色为不同覆盖度的植被，紫色背景下的黄色为边界线

　　基于上述讨论，本书采用 Zou 等[76, 78, 79]和 Wang 等[77]的方法，进一步引入 NDWI，采用两种水体指数分别将遥感影像中各个像素点划分为水体和其他类别，对每幅影像获取两种水体掩膜。

$$\mathrm{water}_1 = \begin{cases} 1 & \mathrm{MNDWI{>}NDVI}或\mathrm{MNDWI{>}EVI,\ EVI{<}0.1} \\ 0 & 其他 \end{cases} \tag{3-1}$$

$$\mathrm{water}_2 = \begin{cases} 1 & \mathrm{NDWI{>}NDVI}或\mathrm{NDWI{>}EVI,\ EVI{<}0} \\ 0 & 其他 \end{cases} \tag{3-2}$$

式中，water_1 和 water_2 分别表示采用式（3-1）和式（3-2）提取的水体掩膜。

3.1.2.2　周期内水体频率计算

　　去云后的影像在空间上的连续性降低，且单一时刻的影像无法反映潮汐、波浪等影响下水边线的变动范围，因此本书采用该像元处水体出现的频率反映其水陆变动特征。分别计算两种水体提取规则下一定周期内水体出现的频率：

$$P_{\mathrm{w1}} = \frac{n_{\mathrm{water1}}}{n_{\mathrm{quality}}} \tag{3-3}$$

$$P_{\text{w2}} = \frac{n_{\text{water2}}}{n_{\text{quality}}} \tag{3-4}$$

式中，P_{w1}、P_{w2} 分别为该像素点被识别为采用式（3-1）和式（3-2）进行水陆分离时水体出现的频率；n_{water1}、n_{water2} 分别为该像素点在周期内被识别为水体的两种频率；n_{quality} 为该像素点周期内有效观测值的数量。

在进行计算周期确定时，选用的影像序列时间越长，覆盖最高潮位和最低潮位的可能性越大，同时计算量也越大，且无法反映滩涂短期的变动特征。综合考虑已有研究[11] 和本研究的时间跨度，采用 3 年为一个周期。各周期遥感影像的检索时间和数量如表 3-3 所示。

表 3-3　各周期遥感影像的检索时间（截止日期不包含在内）和数量

序号	起始日期	截止日期	中间年份	环渤海地区影像数量（幅）
1	1984/01/01	1987/01/01	1985	500
2	1987/01/01	1990/01/01	1988	854
3	1990/01/01	1993/01/01	1991	899
4	1993/01/01	1996/01/01	1994	835
5	1996/01/01	1999/01/01	1997	899
6	1999/01/01	2002/01/01	2000	979
7	2002/01/01	2005/01/01	2003	808
8	2005/01/01	2008/01/01	2006	808
9	2008/01/01	2011/01/01	2009	842
10	2011/01/01	2014/01/01	2012	488
11	2014/01/01	2017/01/01	2015	1129
12	2017/01/01	2020/01/01	2018	1136

以 2017～2019 年为例，计算出的黄河三角洲附近水体频率分布如图 3-12 所示。其中，P_{w1} 能够反映滩涂与陆地边界的变动，P_{w2} 能够反映滩涂与水体边界的变动。采用上述两种指数的组合可以提取沿海地区滩涂的范围。本书分别选取稳定陆地、稳定水体、稳定滩涂三种土地覆盖未发生变化的样本区域和发生"水体-滩涂-陆地"变化的样本区域，不同土地类别水体频率历时变化如图 3-13 所示。对于稳定陆地，两种水体频率均

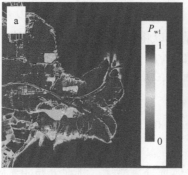
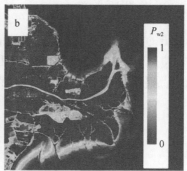

图 3-12　黄河三角洲附近 2017～2019 年水体频率分布图

小于 0.25，对于稳定水体，两种水体频率基本超过 0.80，对于稳定滩涂，P_{w1} 多数时间大于 0.5，而 P_{w2} 均小于 0.5。对于发生"水体-滩涂-陆地"变化的区域（曹妃甸港区部分区域），两种水体频率在建设时期发生下降，建成后水体频率下降至小于 0.2。

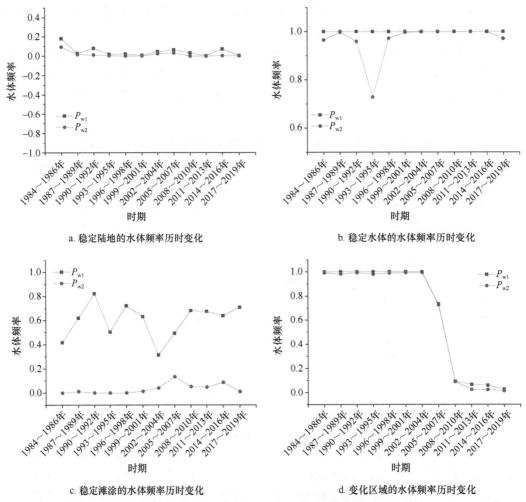

a. 稳定陆地的水体频率历时变化　　　　　b. 稳定水体的水体频率历时变化

c. 稳定滩涂的水体频率历时变化　　　　　d. 变化区域的水体频率历时变化

图 3-13　不同土地类别水体频率历时变化

3.1.2.3　水体-滩涂-陆地分类

基于计算出的水体频率，采用一定阈值可以将地表划分为不同类别。Zou 等[78, 79]在进行地表水覆盖研究时，基于 MNDWI 和 EVI、NDVI 计算出一年水体频率 P（对应本书中的 P_{w1}），采用以下公式对水体进行划分：

$$地表覆盖 = \begin{cases} 长期水体 & P > 0.75 \\ 季节性水体 & 0.25 \leqslant P \leqslant 0.75 \\ 非水体 & P < 0.25 \end{cases} \tag{3-5}$$

Wang 等[77]在提取滩涂时，将季节性水体划分为滩涂，滩涂分布随着阈值范围增加不断向陆、向海延伸。基于上述思想，本书采用阈值对滩涂进行提取，与前人的研究不同，本书对于滩涂的上边界（滩涂与陆地边界）采用 P_{w1} 进行提取，对于滩涂的下边界（滩涂与水体边界）采用 P_{w2} 进行提取，本书建立的提取规则如下：

$$\text{地表覆盖} = \begin{cases} \text{陆地} & P_{w1} < K_1 \\ \text{水体} & P_{w2} > K_2 \\ \text{滩涂} & \text{其他} \end{cases} \tag{3-6}$$

在进行阈值确定时，首先采用不同的阈值对水体和陆地进行提取。陆地面积随 K_1 增加而逐渐增加，在其取值为 0.3～0.9 时趋势较为一致，水体面积随 K_2 增加而减小，在其取值为 0.4～0.9 时趋势较为稳定。参考图 3-14 可以看出，K_1 对滩涂与陆地边界的变化敏感，随着阈值的增加，滩涂与陆地边界向海延伸，选取 $K_1=0.5$ 能较好地反映滩涂与陆地边界，降低城市的复杂背景带来的潜在影响；K_2 对滩涂与水体边界的变化较为敏感，

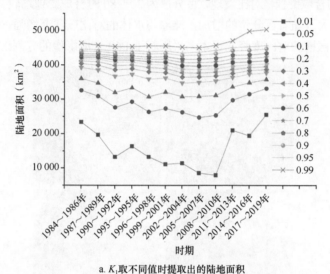

图 3-14　采用不同阈值提取的陆地和水体的面积变化

随着 K_2 增加，滩涂与水体的边界向水体延伸，采用 $K_2=0.8$ 可以降低海上薄云和高含沙水体等带来的偶然误差。综上所述，本书使用 $K_1=0.5$ 和 $K_2=0.8$ 提取水体、滩涂和陆地范围。

3.1.2.4 后处理和精度评价

为了降低噪声的影响，本书基于面向对象方法对分类结果进行后处理。待分割图像采用周期内去云影像进行合成。Donchyts 等[80]在水体提取时采用大气顶层反射率产品各个波段值的 15%～55%反映水体分布，在该范围内，百分位越低，对水体的显示效果越好。本书采用较高百分位的合成影像显示滩涂的分布。以 2017～2019 年去云的地表反射率数据为基础，观察不同百分位的合成影像可视化以后的光滩边界（图 3-15），其中 P20～P80 表示20～80 百分位的合成影像。对比发现，百分位为 20～80 时合成影像均较为清晰，百分位越低，水域面积越大，随着百分位的增加，滩涂与水体的对比度逐渐增强，百分位增加至 80时，部分滩涂与裸地的对比度降低。本书采用基于 P60 合成影像的分割结果进行后处理。

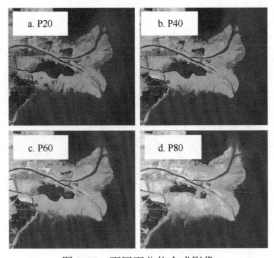

图 3-15　不同百分位合成影像

本部分后处理的主要目的是降低椒盐噪声的影响，为了保证不同地物交界处地物提取的精度，进行影像分割时采用的种子间距为 8。进行后处理前后的结果如图 3-16 所示，采用该方法降低了椒盐噪声的影响，由于图像分割保留了图像的纹理特征和光谱的空间"同质"特点，分类结果也更加可靠。

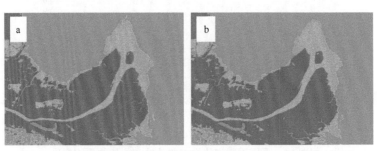

图 3-16　基于面向对象方法分割的后处理前（a）后（b）对比图

本书选取的样本点数据包括通过 Landsat 百分位为 60 的合成影像手动获取的标记、通过全球潮间带数据集自动获取的标记两部分。通过 P60 合成影像在每个时期选取水体、滩涂、陆地样本点各 100 个，总计 3600 个样本点。以 1984～2016 年全球潮间带数据[11]为基础获取，通过随机函数生成 3000 个随机位置，随机点分布区域的陆上边界与潮间带监测边界相同，滩涂与水体边界通过 2020 年全球土地覆盖数据[81]的掩膜生成。对 1984～2016 年共 11 个时期（潮间带滩涂数据集缺少 2017～2019 年数据）共生成样本 33 000 个。

采用两种数据标签获取的精度验证结果如图 3-17 所示。采用 P60 合成影像获取的标签进行精度验证时，其总体精度均超过 90%，Kappa 系数在 2005～2007 年为 0.88，其余各周期均超过 0.90，分类精度满足制图要求。采用基于全球潮间带数据集获取的标签进行精度验证时，总体精度均超过 85%，Kappa 系数在 0.7 左右，两种数据具有较高的一致性。

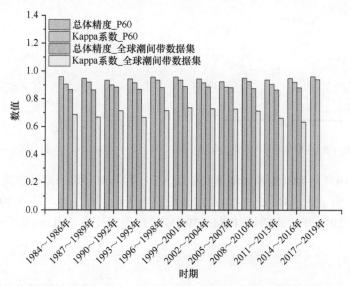

图 3-17　采用基于遥感影像生成的标签（_P60）和基于全球潮间带数据集生成的标签（_全球潮间带数据集，2017～2019 年无数据）对环渤海地区各时期的滩涂提取结果进行验证的总体精度和 Kappa 系数

3.2　岸线演变特征

滩涂演变与岸线演变密不可分，岸线演变反映了滩涂消长和人工围垦的变化趋势。本部分通过岸线长度变化和平均冲淤速率对岸线演变进行定量分析。

为了探究各区域的岸线长度变化，通过垂直断面法计算岸线变化速率。上述方法已经被美国地质调查局开发为 ArcGIS 扩展模块数字岸线分析系统（digital shoreline analysis system，DSAS）。DSAS 从多个历史海岸线位置计算海岸线变化率等统计数据，在三角洲和海岸线冲淤演变分析中取得了较好的应用[82-85]。其岸线分析原理如图 3-18 所示，端点变化率（end point rate，EPR）计算公式为

$$EPR = (d_2 - d_1)/(t_2 - t_1) \tag{3-7}$$

式中，d_1、d_2 分别为较早、较晚时期岸线与断面交点到基线的距离；t_1、t_2 分别为较早、较晚时期时间。

3.2.1 环渤海地区岸线演变特征

由于环渤海地区岸线曲折漫长,本书在进行基线制作时以 1984~1986 年岸线为基础,通过平滑和简化获得与岸线趋势相同的基线。考虑到环渤海地区岸线较长,设置断面间隔为 1000m,岸线检索范围在基线两侧 25km 内,共划分 1665 个断面,对获取的断面逐个检验,避免断面间的交叉,以保证结果的合理性。获得的部分断面如图 3-19 所示,以各断面端点变化率为岸线变化速率。分别以 1984~1986 年、1999~2001 年、2017~2019 年三期岸线作为 1985 年、2000 年和 2018 年岸线,计算 1985~2000 年、2000~2018 年的岸线演变。

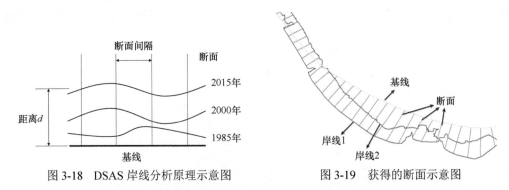

图 3-18 DSAS 岸线分析原理示意图　　　　　图 3-19 获得的断面示意图

1984~2019 年环渤海地区岸线演变如图 3-20 所示。对环渤海地区岸线长度进行统计,结果如图 3-21 所示。1984~2019 年岸线长度整体呈现上升趋势,其中 1984~2007 年波动较小,2007~2019 年快速增长。1984~2019 年,岸线增长约 652km,增长率约为 24.12%。

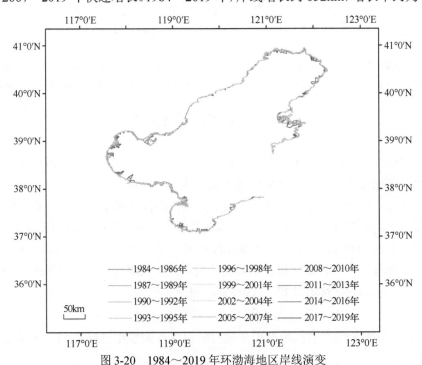

图 3-20 1984~2019 年环渤海地区岸线演变

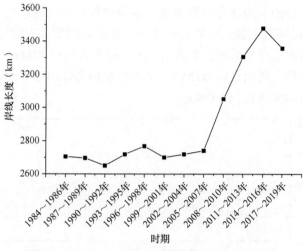

图 3-21　1984～2019 年环渤海地区岸线长度变化

　　1985～2018 年环渤海地区各断面平均端点变化率如表 3-4 所示，该时期渤海周边岸线整体处于淤积状态，1985～2000 年环渤海平均端点变化率为 25.89m/a，2000～2018 年环渤海平均端点变化率为 120.36m/a，2000 年以后岸线演变更为剧烈。1985～2000 年各个区域岸线变化均较小，辽东湾岸线平均变化最大，渤海湾岸线平均变化最小，2000～2018 年渤海湾岸线平均变化最大，莱州湾岸线平均变化最小。

表 3-4　1985～2018 年环渤海地区各断面平均端点变化率　　　　　（单位：m/a）

区域	平均端点变化率	
	1985～2000 年	2000～2018 年
莱州湾	18.38	88.53
渤海湾	4.99	174.55
辽东湾	42.15	98.59
环渤海	25.89	120.36

　　1985～2018 年环渤海地区各断面岸线变化如图 3-22 所示。1985～2000 年岸线剧烈变化的区域相对较少，岸线变化的主要原因是河口自然冲淤，围填海区域较少，岸线变动较为剧烈的区域主要包括黄河三角洲（断面 309～328）、东营市河口区（断面 357～459）、曹妃甸区（696～762 断面）、大连长兴岛附近区域（断面 1507～1520）。其中，黄河三角洲岸线演变较为剧烈，各断面平均变化率为 427.64m/a，主要原因是黄河改道引起泥沙堆积位置变化。东营市河口区处于冲刷状态，各断面平均变化率为–56.19m/a，该处发生冲刷的主要原因是泥沙来源减少。曹妃甸区岸线演变的主要原因是盐田和养殖场建设，各断面平均变化率为 96.65m/a。大连长兴岛附近区域 1985～2000 年围填海工程提升了长兴岛、交流岛等岛屿和大陆连接的程度，围堤造成的岸线迁移远大于实际淤积的面积。

　　2000～2018 年环渤海地区岸线发生较大变动的位置、断面编号及岸线利用现状如表 3-5 所示，围填海是最主要的原因。围填海的利用模式以工业-港口-城镇、盐田和养殖场、生态旅游为主。2000～2018年环渤海地区各分段岸线向海移动的平均距离如图3-23所示。工业-港口-城镇利用模式中曹妃甸港区变化最为剧烈，平均推进近20km，大连市长兴岛南部海域海水养殖区域强度较大，平均向海延伸约12km，莱州湾西侧至黄河口南侧、渤海湾南部岸线出现轻微冲刷，平均冲刷距离分别为0.55km和1.06km，黄河三角洲沿新河口向海推进约8.09km。

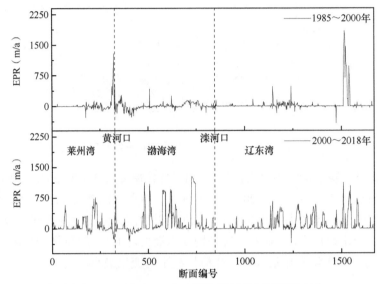

图 3-22　1985～2018 年环渤海地区各断面岸线变化

表 3-5　2000～2018 年环渤海地区岸线发生较大变动的位置、断面编号及岸线利用现状

编号	位置	断面编号	岸线利用现状
1	龙口人工岛	58～69	工业-港口-城镇
2	滨州港	155～183	工业-港口-城镇
3	土山镇、下营镇	155～183	盐田和养殖场
4	潍坊市滨海旅游度假区	207～220	生态旅游
5	潍坊港	221～235	工业-港口-城镇
6	莱州湾西部及黄河旧河口附近	275～323	自然岸线
7	黄河口	324～330	自然岸线
8	孤东油田南侧海湾	332～338	自然岸线
9	渤海湾南部	395～457	自然岸线
10	黄骅港	507～521	工业-港口-城镇
11	天津港南港区	572～598	工业-港口-城镇
12	天津港（高沙岭港口区至东疆港区）	601～635	工业-港口-城镇
13	汉沽港口区	655～658	工业-港口-城镇
14	曹妃甸港区	722～746	工业-港口-城镇
15	滦河口南侧	832～839	盐田和养殖场
16	锦州市沿海	1162～1198	盐田和养殖场
17	盘锦港	1626～1687	工业-港口-城镇
18	营口港	1339～1370	工业-港口-城镇
19	长兴岛附近海域	1496～1529	工业-港口-城镇
20	大连凤鸣岛南部海域	1531～1544	盐田和养殖场

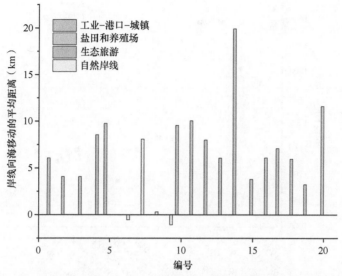

图 3-23　2000～2018 年环渤海地区各分段岸线向海移动的平均距离（编号见表 3-5）

3.2.2　江苏沿海岸线演变特征

1984～2019 年江苏沿海岸线分布及岸线长度变化分别如图 3-24、图 3-25 所示。

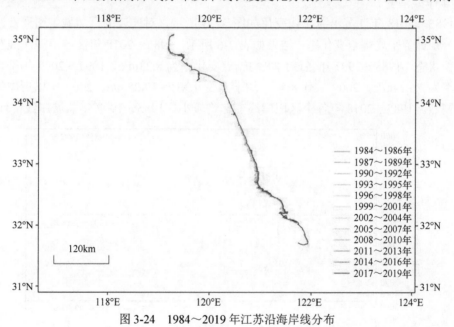

图 3-24　1984～2019 年江苏沿海岸线分布

由于江苏沿海岸线曲折漫长，本书在进行基线制作时以 1984～1986 年岸线为基础，通过平滑和简化获得与岸线趋势相同的基线。考虑到江苏沿海岸线较长，设置断面间隔为 1000m，岸线检索范围在基线两侧 25km 内，共划分 675 个断面，对获取的断面逐个检验，避免断面间的交叉，以保证结果的合理性。以各断面端点变化率为岸线变化速率。分别以 1984～1986 年、1996～1998 年、2008～2010 年、2017～2019 年四期岸线作为

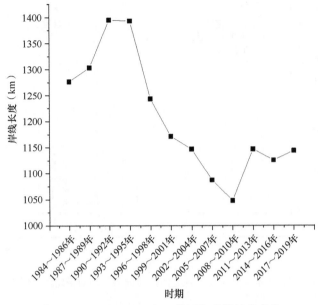

图 3-25　1984～2019 年江苏沿海岸线长度变化

1985 年、1997 年、2009 年和 2018 年岸线，计算 1985～1997 年、1997～2009 年、2009～
2018 年岸线演变。

　　1985～2018 年江苏沿海岸线变化如图 3-26 所示，对连云港、盐城、南通及江苏各
断面分别计算平均端点变化率，结果如表 3-6 所示，1985～2018 年江苏沿海岸线整体处
于淤积状态，1985～1997 年各断面平均端点变化率为 8.23m/a，1997～2009 年平均端点
变化率为 76.24m/a，2009～2018 年平均端点变化率为 89.08m/a，2009 年以后岸线演变
更为剧烈。1985～2018 年各个区域岸线变化均较小，1985～1997 年盐城岸线平均变化

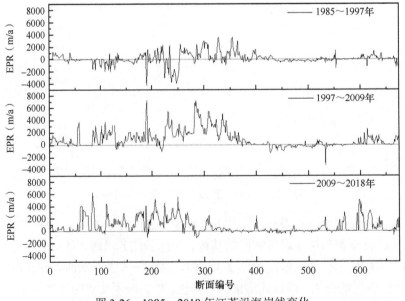

图 3-26　1985～2018 年江苏沿海岸线变化

最大，连云港岸线平均变化最小，1997～2009 年盐城岸线平均变化最大，连云港岸线平均变化最小，2009～2018 年南通岸线平均变化最大，盐城岸线平均变化最小。

表 3-6　1985～2018 年江苏沿海各断面平均端点变化率　　　　　　　（单位：m/a）

区域	平均端点变化率		
	1985～1997 年	1997～2009 年	2009～2018 年
连云港	1.19	24.04	85.77
盐城	19.78	97.22	53.60
南通	−4.03	80.38	143.71
江苏	8.23	76.24	89.08

1985～1997 年江苏沿海岸线剧烈变化的区域相对较少，岸线变化的主要原因是河口自然冲淤，围填海区域较少。岸线变动较为剧烈的区域主要包括条子泥（断面 231～252）、大丰港（断面 296～309）、大丰港北河口（断面 326～331）。其中，条子泥岸线处于冲刷状态，各断面平均变化率为 −177.715m/a，该处发生冲刷的主要原因是泥沙来源减少。大丰港岸线演变的主要原因是海港建设，各断面平均变化率为 196.769m/a。大丰港北河口岸线演变较为剧烈，各断面平均变化率为 216.408m/a。

1997～2009 年江苏沿海岸线自射阳河口以北变化剧烈的区域较少，自射阳河口以南变化较为剧烈，以岸线向海推进为主，主要是沿海工业-港口-城镇以及盐田和养殖场的建设造成的。小洋口（断面 188～192）与大丰港（断面 282～298）岸线变化最为剧烈，分别平均向海推进了 4.18km 和 4.95km。

2009～2018 年江苏沿海岸线发生较大变动的位置、断面编号及岸线利用现状如表 3-7 所示，围填海导致的岸线变迁是断面变化的主要原因。围填海的利用模式以工业-港口-城镇、盐田和养殖场、生态旅游为主。2009～2018 年江苏沿海各分段岸线向海移动的平均距离如图 3-27 所示。工业-港口-城镇利用模式中吕四渔港岸线变化最为剧烈，平均推进近 3.86km。盐田和养殖场利用模式中岸线变化较大的是海防村、龙王村，平均向海延伸约 3km。自然岸线中，大丰池塘北平均推进 1.2km。

表 3-7　2009～2018 年江苏沿海岸线发生较大变动的位置、断面编号及岸线利用现状

编号	位置	断面编号	岸线利用现状
1	海防村、龙王村	58～74	盐田和养殖场
2	吕四渔港	81～87	工业-港口-城镇
3	如东县东部	107～153	盐田和养殖场
4	港东村	161～184	工业-港口-城镇
5	小洋口	194～220	工业-港口-城镇
6	江苏光亚集团养殖基地	223～259	盐田和养殖场
7	东台市清淤造地有限公司巴斗养殖场	263～276	盐田和养殖场
8	大丰池塘	303～314	盐田和养殖场
9	大丰池塘北	397～401	自然岸线
10	海上云顶山国家森林公园	593～606	生态旅游
11	连云区东部	614～624	工业-港口-城镇
12	赣榆区西部养殖区	632～641	盐田和养殖场

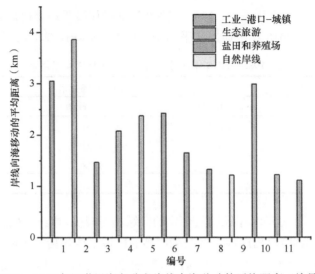

图 3-27　2009～2018 年江苏沿海各分段岸线向海移动的平均距离（编号见表 3-7）

3.2.3　浙江沿海岸线演变特征

1984～2019 年浙江沿海岸线分布及岸线长度变化分别如图 3-28、图 3-29 所示。

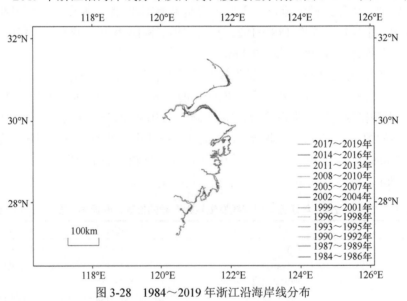

图 3-28　1984～2019 年浙江沿海岸线分布

　　由于浙江沿海岸线曲折漫长，本书在进行基线制作时以 1984～1986 年岸线为基础，通过平滑和简化获得与岸线趋势相同的基线。考虑到浙江沿海岸线较长，设置断面间隔为 1000m，岸线检索范围在基线两侧 25km 内，共划分 749 个断面，对获取的断面逐个检验，避免断面间的交叉，以保证结果的合理性。以各断面端点变化率为岸线变化速率。分别以 1984～1986 年、1999～2001 年、2017～2019 年三期岸线作为 1985 年、2000 年和 2018 年岸线，计算 1985～2000 年、2000～2018 年岸线演变。

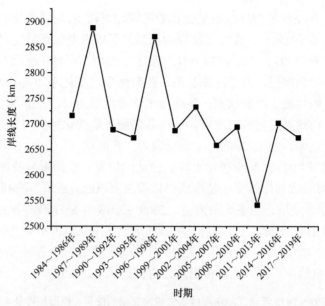

图 3-29　1984～2019 年浙江沿海岸线长度变化

　　1985～2018 年浙江沿海岸线变化如图 3-30 所示，对浙江沿海各断面分别计算平均端点变化率，结果如表 3-8 所示。1985～2018 年浙江沿海岸线整体处于淤积状态，1985～2000年平均端点变化率为 6.59m/a，2000～2018 年平均端点变化率为 115.40m/a，2000 年以后岸线演变更为剧烈。1985～2000 年各个区域岸线变化均较小，宁波岸线平均变化最大，台州岸线平均变化最小，2000～2018 年宁波岸线平均变化最大，嘉兴岸线平均变化最小。

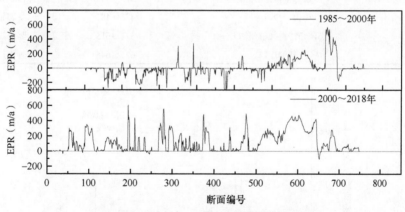

图 3-30　1985～2018 年浙江沿海岸线变化

表 3-8　1985～2018 年浙江沿海各断面平均端点变化率　　　　（单位：m/a）

区域	平均端点变化率	
	1985～2000 年	2000～2018 年
嘉兴	38.60	64.42
宁波	56.20	172.63
台州	−24.51	91.06
温州	−53.30	74.11
浙江	6.59	115.40

1985～2000 年浙江沿海岸线剧烈变化的区域相对较少,岸线变化的主要原因是河口自然冲淤,围填海区域较少。岸线变动较为剧烈的区域主要包括鳌江口(断面 54～66)、三屿村(断面 138～159)、三山(374～382 断面)、钱塘江区域(断面 647～676)。其中,鳌江口岸线演变较为剧烈,处于冲刷状态,各断面平均变化率为−144.59m/a,主要原因是河口冲刷。三屿村处于冲刷状态,各断面平均变化率为−171.12m/a,该处发生冲刷的主要原因是瓯江口附近引起河口冲刷。三山各断面平均变化率为−315.66m/a。钱塘江区域各断面平均变化率为 383.92m/a,主要原因为自然淤积。

2009～2018 年浙江沿海岸线发生较大变动的位置、断面编号及岸线利用现状如表 3-9 所示,围填海导致的岸线变迁是岸线变化的主要原因。围填海的利用模式以工业-港口-城镇、盐田和养殖场、生态旅游为主。2009～2018 年浙江沿海各分段岸线向海移动的平均距离如图 3-31 所示。工业-港口-城镇利用模式中慈溪市沿海变化最为剧烈,平均推进近 0.402km。盐田和养殖场利用模式中变化较大的是胡陈港南部沿海,平均向海延伸约 0.289km。自然岸线中,温岭市沿海向海推进约 0.298km。

表 3-9   2009～2018 年浙江沿海岸线发生较大变动的位置、断面编号及岸线利用现状

编号	位置	断面编号	岸线利用现状
1	鳌江口	54～60	工业-港口-城镇
2	温州市沿海	92～110	工业-港口-城镇
3	漩门湾国家湿地公园	195～198	生态旅游
4	温岭市沿海	269～276	自然岸线
5	台州湾湿地公园	293～303	生态旅游
6	胡陈港南部沿海	375～387	盐田和养殖场
7	梅山湾沙滩公园	475～481	生态旅游
8	慈溪市沿海(杭州湾)	572～615	工业-港口-城镇
9	钱塘江口	635～645	工业-港口-城镇

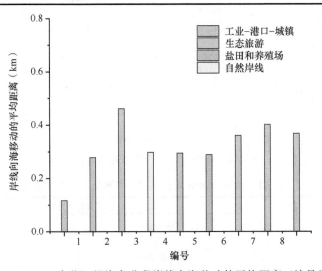

图 3-31   2009～2018 年浙江沿海各分段岸线向海移动的平均距离(编号见表 3-9)

3.3　滩涂时空分布特征

3.3.1　环渤海地区滩涂分布

3.3.1.1　整体分布

对环渤海地区 1984～2019 年滩涂分布进行可视化，其结果如图 3-32 所示。

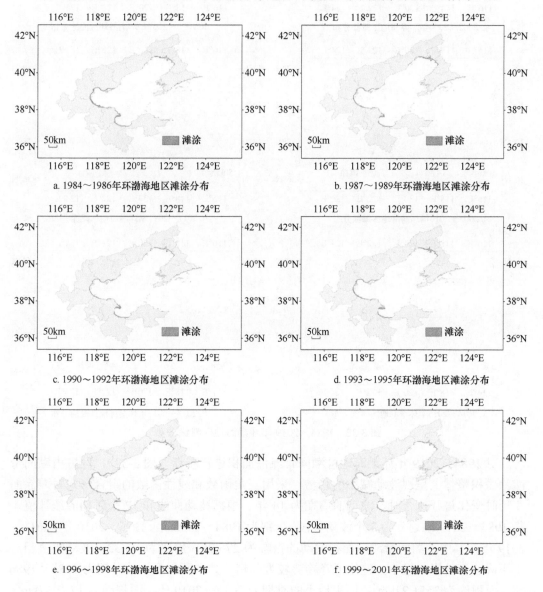

a. 1984～1986年环渤海地区滩涂分布

b. 1987～1989年环渤海地区滩涂分布

c. 1990～1992年环渤海地区滩涂分布

d. 1993～1995年环渤海地区滩涂分布

e. 1996～1998年环渤海地区滩涂分布

f. 1999～2001年环渤海地区滩涂分布

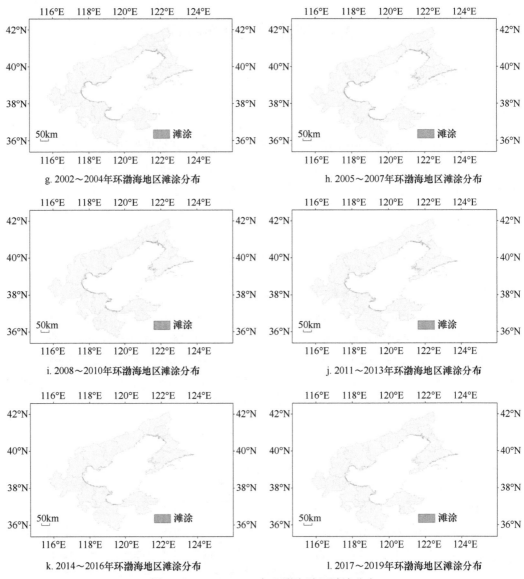

g. 2002～2004年环渤海地区滩涂分布

h. 2005～2007年环渤海地区滩涂分布

i. 2008～2010年环渤海地区滩涂分布

j. 2011～2013年环渤海地区滩涂分布

k. 2014～2016年环渤海地区滩涂分布

l. 2017～2019年环渤海地区滩涂分布

图 3-32　1984～2019 年环渤海地区滩涂分布

对 1984～2019 年环渤海地区潮间带滩涂面积进行统计（图 3-33），区域内潮间带滩涂面积整体上呈现波动减小的趋势。采用三角函数和线性函数的组合形式对滩涂面积历时变化进行拟合时，波动的周期为 14 年。根据波动曲线和 12 个时期的统计值，将 1984～2019 年划分为 3 个波动阶段，分别为 1984～1995 年、1996～2010 年、2011～2019 年。其中，潮间带滩涂面积波动的振幅为 276.28，斜率为–43.32，波动幅值相对于下降速率的影响较小，整体下降趋势较为陡峭，其中面积最大的时期为 1984～1986年，面积约为 3551.22km^2，面积最小的时期为 2017～2019 年，面积约为 1712.37km^2，减小约 51.78%。

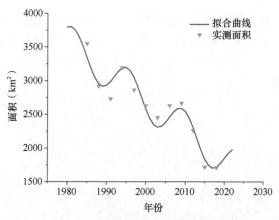

图 3-33 1984～2019 年环渤海地区潮间带滩涂面积统计及变化趋势

环渤海地区滩涂空间分布具有不均匀性。图 3-34 为 2017～2019 年环渤海地区滩涂整体分布和辽河口、黄河口滩涂分布细节。从滩涂分布密集程度看，环渤海地区滩涂主要分布在莱州湾、黄河三角洲、渤海湾、辽河三角洲等地区，在海岸线内外均有大量滩涂分布。

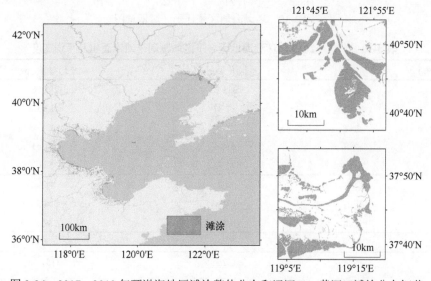

图 3-34 2017～2019 年环渤海地区滩涂整体分布和辽河口、黄河口滩涂分布细节

对研究区域的滩涂面积进行分区域统计。以渤海周边 13 个城市陆地行政边界为基础，将监测区域划分为 13 个子区域，根据岸线归属确定各子区域主体城市（图 3-35），划分时陆上边界为行政边界，海上边界在岸线附近尽可能与水陆边界线垂直。各个子区域岸线长度不同，采用滩涂总面积、单位岸线滩涂面积（滩涂平均宽度）衡量滩涂丰富程度，其中滩涂平均宽度定义为

$$B=S/L \tag{3-8}$$

式中，B 为滩涂平均宽度；S 为子区域滩涂面积；L 为子区域岸线长度。

总体滩涂较为丰富（面积和平均宽度排序均在前 50%）的区域包括滨州、东营、沧州、盘锦和唐山 5 个子区域。潮间带滩涂分布较为丰富的区域为盘锦、滨州、沧州和东营 4 个子区域（表 3-10）。内陆滩涂分布较为丰富的子区域包括滨州、东营、潍坊、天津和唐山 5 个子区域。

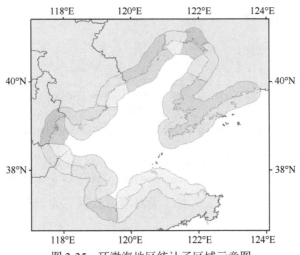

图 3-35 环渤海地区统计子区域示意图

表 3-10 2017～2019 年环渤海地区各子区域潮间带滩涂面积及平均宽度

省（市）	子区域	面积（km^2）	平均宽度（m）
辽宁	大连	385.50	282.56
	营口	97.87	582.35
	盘锦	209.81	1221.03
	锦州	70.01	581.61
	葫芦岛	41.92	155.02
河北	秦皇岛	14.24	89.84
	唐山	164.04	408.36
	沧州	108.23	939.17
天津	滨海新区	78.05	214.44
山东	滨州	112.33	1151.49
	东营	293.61	733.75
	潍坊	94.93	626.17
	烟台	41.82	66.78

从面积看，2017～2019 年环渤海地区各子区域中潮间带滩涂面积最大的是大连（385.50km^2），该区域海岸线漫长，潮间带滩涂面积较大。各子区域中潮间带滩涂面积最小的是秦皇岛（14.24km^2），实地考察过程中发现，该地区砂质岸线较多，海岸线外潮滩宽度较小，滩涂面积较小。从平均宽度看，2017～2019 年环渤海地区各子区域中潮间带滩涂平均宽度最大的是盘锦（1221.03m），黄河口、辽河口附近滩涂平均宽度均超过 500m。

3.3.1.2　各子区域分布

1. 大连市及丹东市部分区域

1984~2019 年大连市附近潮间带滩涂分布如图 3-36 所示。

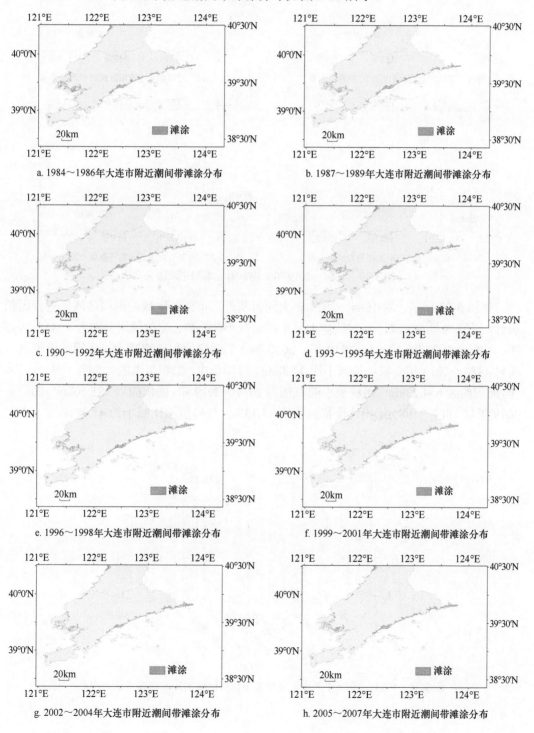

a. 1984~1986年大连市附近潮间带滩涂分布　　　　b. 1987~1989年大连市附近潮间带滩涂分布

c. 1990~1992年大连市附近潮间带滩涂分布　　　　d. 1993~1995年大连市附近潮间带滩涂分布

e. 1996~1998年大连市附近潮间带滩涂分布　　　　f. 1999~2001年大连市附近潮间带滩涂分布

g. 2002~2004年大连市附近潮间带滩涂分布　　　　h. 2005~2007年大连市附近潮间带滩涂分布

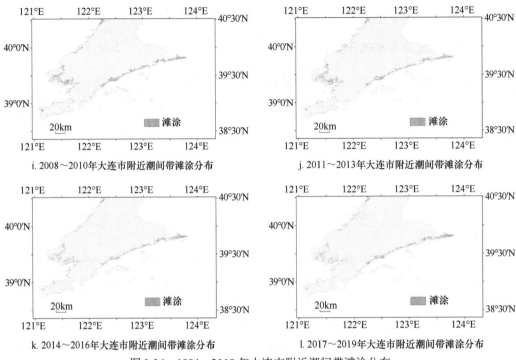

i. 2008~2010年大连市附近潮间带滩涂分布

j. 2011~2013年大连市附近潮间带滩涂分布

k. 2014~2016年大连市附近潮间带滩涂分布

l. 2017~2019年大连市附近潮间带滩涂分布

图3-36 1984~2019年大连市附近潮间带滩涂分布

如图3-37所示，对1984~2019年大连市及丹东市部分区域的潮间带滩涂进行面积统计。区域内潮间带滩涂面积整体上呈现波动减小的趋势，波动周期分别为1984~1995年、1996~2007年、2008~2019年，2010年之后滩涂面积迅速减小。采用线性拟合分析时1984~2019年面积年均减小约3.88km^2。各年份中，面积最大的时期为1996~1998年，面积约为654.23km^2，面积最小的时期为2017~2019年，面积约为385.50km^2，2017~2019年与1984~1986年相比面积减小约33.13%，与峰值相比减小约41.08%。

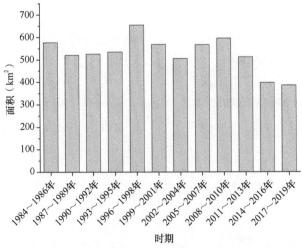

图3-37 1984~2019年大连市及丹东市部分区域的潮间带滩涂面积变化

2. 营口市

1984～2019 年营口市附近潮间带滩涂分布如图 3-38 所示。

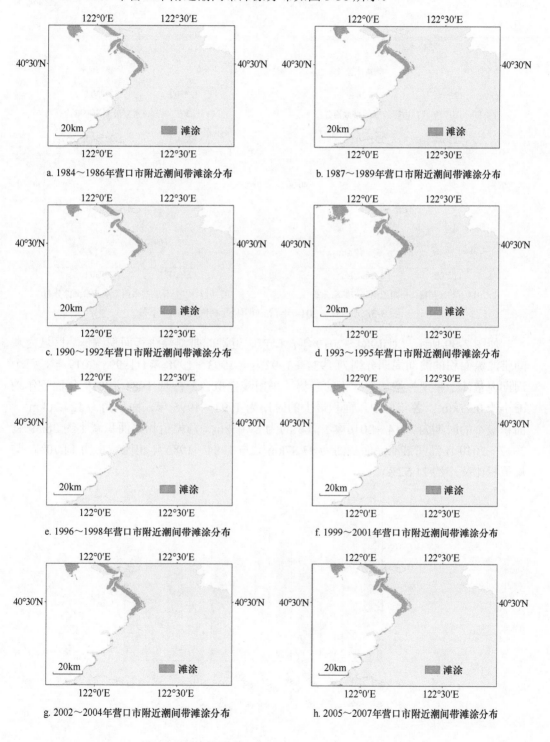

a. 1984～1986年营口市附近潮间带滩涂分布

b. 1987～1989年营口市附近潮间带滩涂分布

c. 1990～1992年营口市附近潮间带滩涂分布

d. 1993～1995年营口市附近潮间带滩涂分布

e. 1996～1998年营口市附近潮间带滩涂分布

f. 1999～2001年营口市附近潮间带滩涂分布

g. 2002～2004年营口市附近潮间带滩涂分布

h. 2005～2007年营口市附近潮间带滩涂分布

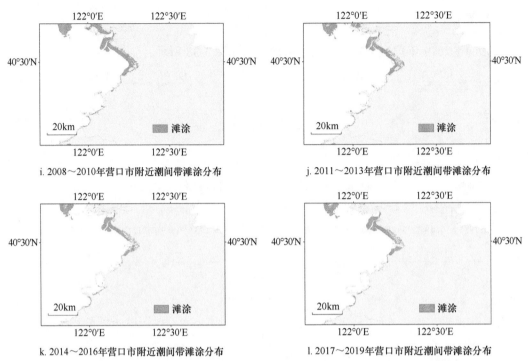

i. 2008～2010年营口市附近潮间带滩涂分布   j. 2011～2013年营口市附近潮间带滩涂分布

k. 2014～2016年营口市附近潮间带滩涂分布   l. 2017～2019年营口市附近潮间带滩涂分布

图 3-38   1984～2019 年营口市附近潮间带滩涂分布

如图 3-39 所示,对 1984～2019 年营口市附近潮间带滩涂进行面积统计。区域内潮间带滩涂面积的波动周期分别为 1984～1992 年、1993～1998 年、1999～2019 年,每个周期内整体上呈现先增加后减小的趋势。采用线性拟合分析时 1984～2019 年面积年均减小约 0.47km^2。各年份中,面积最大的时期为 1993～1995 年,面积约为 124.70km^2,面积最小的时期为 2014～2016 年,面积约为 89.05km^2,与峰值相比面积减小约 28.59%。2017～2019 年潮间带滩涂面积约为 97.87km^2,与 1984～1986 年相比减小约 14.70%,与峰值相比减小约 21.52%。

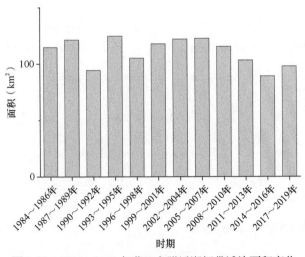

图 3-39   1984～2019 年营口市附近潮间带滩涂面积变化

3. 盘锦市

1984～2019 年盘锦市附近潮间带滩涂分布如图 3-40 所示。

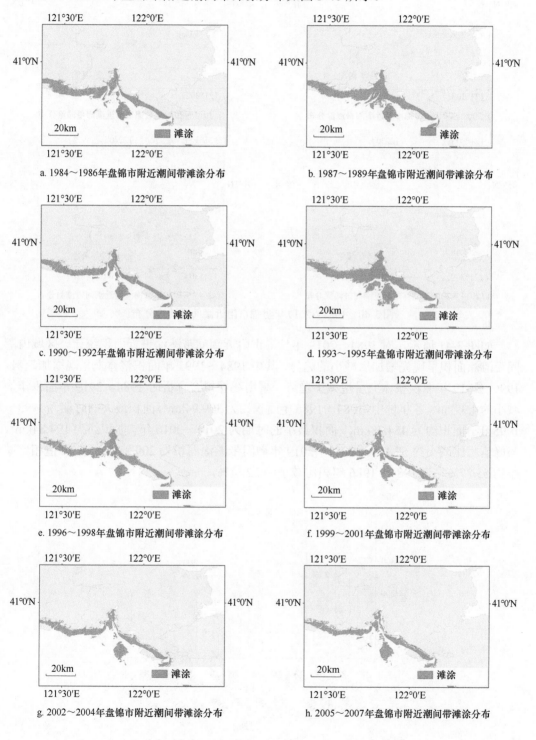

a. 1984～1986年盘锦市附近潮间带滩涂分布

b. 1987～1989年盘锦市附近潮间带滩涂分布

c. 1990～1992年盘锦市附近潮间带滩涂分布

d. 1993～1995年盘锦市附近潮间带滩涂分布

e. 1996～1998年盘锦市附近潮间带滩涂分布

f. 1999～2001年盘锦市附近潮间带滩涂分布

g. 2002～2004年盘锦市附近潮间带滩涂分布

h. 2005～2007年盘锦市附近潮间带滩涂分布

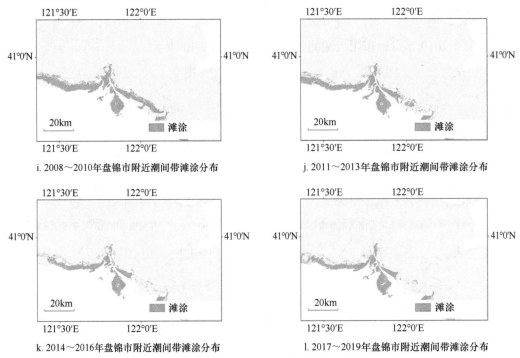

i. 2008～2010年盘锦市附近潮间带滩涂分布　　　　　j. 2011～2013年盘锦市附近潮间带滩涂分布

k. 2014～2016年盘锦市附近潮间带滩涂分布　　　　　l. 2017～2019年盘锦市附近潮间带滩涂分布

图 3-40　1984～2019 年盘锦市附近潮间带滩涂分布

如图 3-41 所示，对 1984～2019 年盘锦市附近潮间带滩涂进行面积统计。区域内潮间带滩涂面积呈现先增加后减小的趋势，其中 1984～1995 年面积整体上呈现增加趋势，1996～2019 年面积整体上呈现减小趋势。采用线性拟合分析时 1984～2019 年面积年均减小约 4.39km^2。各年份中，1984～1986 年面积约为 309.94km^2，面积最大的时期为 1993～1995 年，面积约为 454.78km^2，面积最小的时期为 2014～2016 年，面积约为 194.84km^2，与峰值相比减小约 57.16%。2017～2019 年潮间带滩涂面积为 209.81km^2，与峰值相比减小约 53.87%，与 1984～1986 年相比减小约 32.31%。

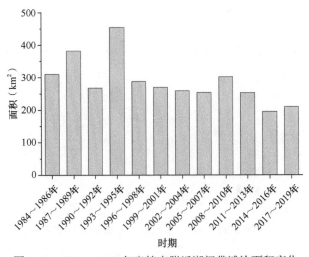

图 3-41　1984～2019 年盘锦市附近潮间带滩涂面积变化

4. 锦州市

1984～2019 年锦州市附近潮间带滩涂分布如图 3-42 所示。

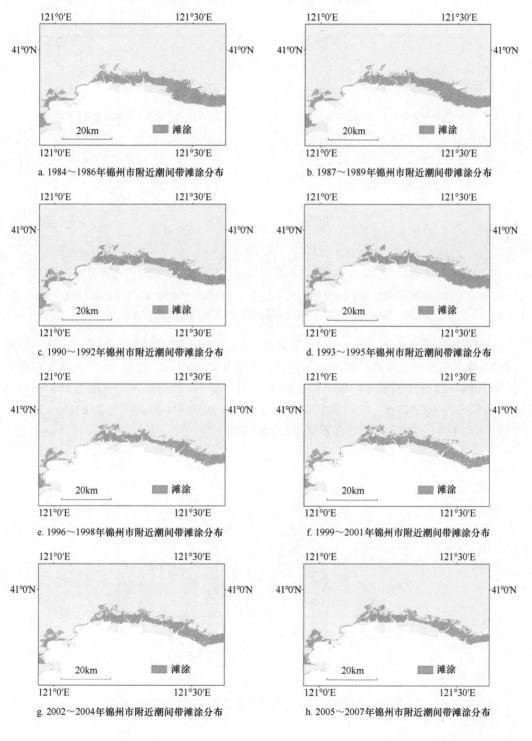

a. 1984～1986年锦州市附近潮间带滩涂分布　　b. 1987～1989年锦州市附近潮间带滩涂分布

c. 1990～1992年锦州市附近潮间带滩涂分布　　d. 1993～1995年锦州市附近潮间带滩涂分布

e. 1996～1998年锦州市附近潮间带滩涂分布　　f. 1999～2001年锦州市附近潮间带滩涂分布

g. 2002～2004年锦州市附近潮间带滩涂分布　　h. 2005～2007年锦州市附近潮间带滩涂分布

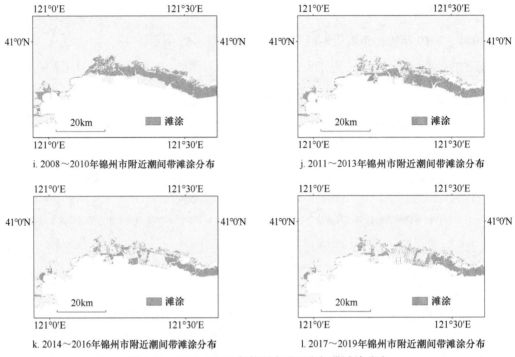

i. 2008～2010年锦州市附近潮间带滩涂分布   j. 2011～2013年锦州市附近潮间带滩涂分布

k. 2014～2016年锦州市附近潮间带滩涂分布   l. 2017～2019年锦州市附近潮间带滩涂分布

图 3-42 1984～2019 年锦州市附近潮间带滩涂分布

如图 3-43 所示，对 1984～2019 年锦州市附近潮间带滩涂进行面积统计。区域内潮间带滩涂面积整体上呈现波动减小的趋势，2010 年之后面积迅速减小。采用线性拟合分析时 1984～2019 年面积年均减小约 2.83km^2。各年份中，面积最大的时期为 1984～1986年，面积约为 162.67km^2，面积最小的时期为 2017～2019 年，面积约为 70.01km^2，2017～2019 年与 1984～1986 年相比面积减小约 56.96%。

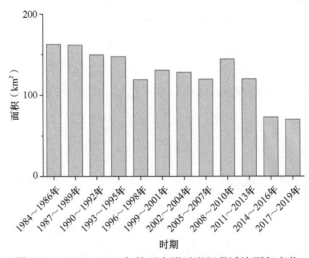

图 3-43 1984～2019 年锦州市附近潮间带滩涂面积变化

5. 葫芦岛市

1984～2019 年葫芦岛市附近潮间带滩涂分布如图 3-44 所示。

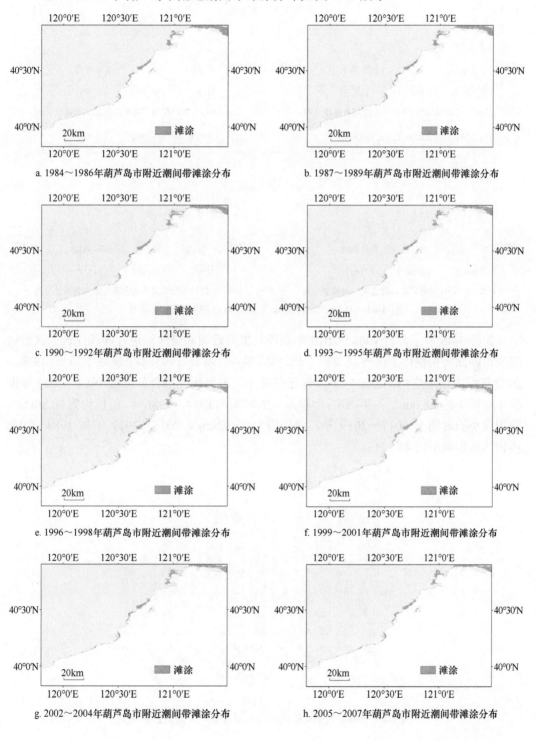

a. 1984～1986年葫芦岛市附近潮间带滩涂分布

b. 1987～1989年葫芦岛市附近潮间带滩涂分布

c. 1990～1992年葫芦岛市附近潮间带滩涂分布

d. 1993～1995年葫芦岛市附近潮间带滩涂分布

e. 1996～1998年葫芦岛市附近潮间带滩涂分布

f. 1999～2001年葫芦岛市附近潮间带滩涂分布

g. 2002～2004年葫芦岛市附近潮间带滩涂分布

h. 2005～2007年葫芦岛市附近潮间带滩涂分布

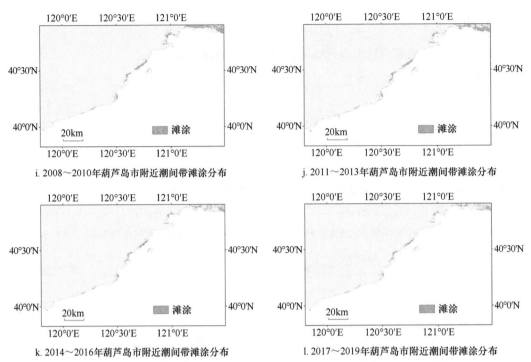

i. 2008～2010年葫芦岛市附近潮间带滩涂分布

j. 2011～2013年葫芦岛市附近潮间带滩涂分布

k. 2014～2016年葫芦岛市附近潮间带滩涂分布

l. 2017～2019年葫芦岛市附近潮间带滩涂分布

图 3-44　1984～2019 年葫芦岛市附近潮间带滩涂分布

　　如图 3-45 所示，对 1984～2019 年葫芦岛市附近潮间带滩涂进行面积统计。区域内潮间带滩涂面积整体上呈现波动减小的趋势，其中 1984～1995 年呈现减小趋势，1996～2007 年呈现增加趋势，2008～2019 年迅速减小。采用线性拟合分析时 1984～2019 年面积年均减小约 2.83km^2。各年份中，面积最大的时期为 1984～1986 年，面积约为 80.80km^2，面积最小的时期为 2017～2019 年，面积约为 41.92km^2，2017～2019 年与 1984～1986 年相比面积减小约 48.12%。

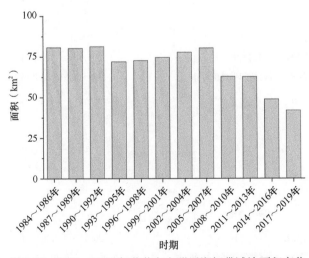

图 3-45　1984～2019 年葫芦岛市附近潮间带滩涂面积变化

6. 秦皇岛市

1984～2019 年秦皇岛市附近潮间带滩涂分布如图 3-46 所示。

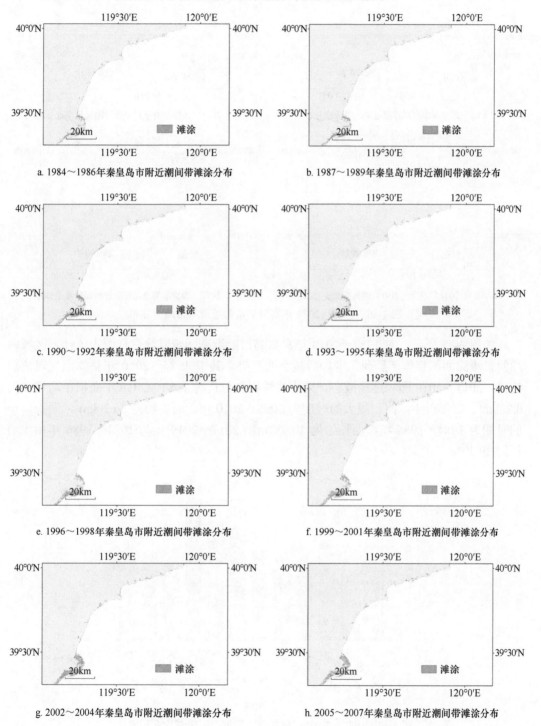

a. 1984～1986年秦皇岛市附近潮间带滩涂分布

b. 1987～1989年秦皇岛市附近潮间带滩涂分布

c. 1990～1992年秦皇岛市附近潮间带滩涂分布

d. 1993～1995年秦皇岛市附近潮间带滩涂分布

e. 1996～1998年秦皇岛市附近潮间带滩涂分布

f. 1999～2001年秦皇岛市附近潮间带滩涂分布

g. 2002～2004年秦皇岛市附近潮间带滩涂分布

h. 2005～2007年秦皇岛市附近潮间带滩涂分布

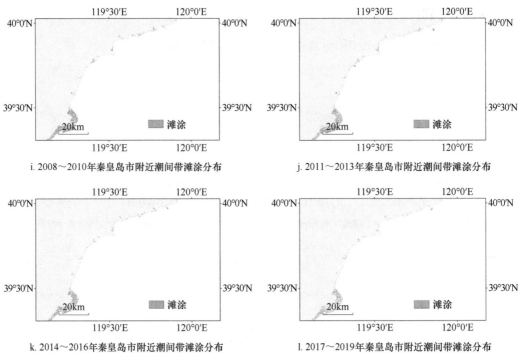

i. 2008～2010年秦皇岛市附近潮间带滩涂分布

j. 2011～2013年秦皇岛市附近潮间带滩涂分布

k. 2014～2016年秦皇岛市附近潮间带滩涂分布

l. 2017～2019年秦皇岛市附近潮间带滩涂分布

图 3-46　1984～2019 年秦皇岛市附近潮间带滩涂分布

如图 3-47 所示，对 1984～2019 年秦皇岛市附近潮间带滩涂进行面积统计。区域内潮间带滩涂面积整体上呈现先增加后减小的趋势，其中 1984～2010 年整体上呈现增加趋势，2011～2019 面积迅速减小。采用线性拟合分析时 1984～2019 年面积年均增加约 0.28km^2。各年份中，面积最大的时期为 2008～2010 年，面积约为 26.20km^2，面积最小的时期为 1984～1986 年，面积约为 10.98km^2，2017～2019 年与 1984～1986 年相比增加约 29.79%。

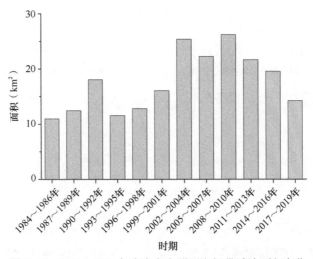

图 3-47　1984～2019 年秦皇岛市附近潮间带滩涂面积变化

7. 唐山市

1984～2019 年唐山市附近潮间带滩涂分布如图 3-48 所示。

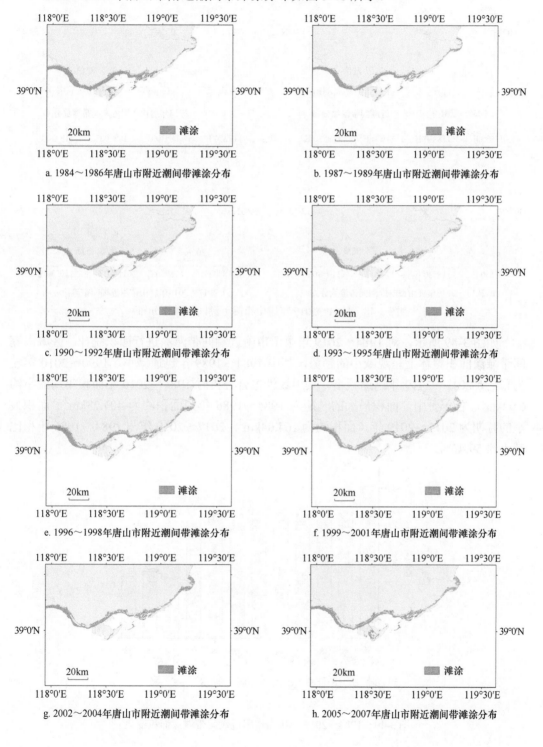

a. 1984～1986年唐山市附近潮间带滩涂分布

b. 1987～1989年唐山市附近潮间带滩涂分布

c. 1990～1992年唐山市附近潮间带滩涂分布

d. 1993～1995年唐山市附近潮间带滩涂分布

e. 1996～1998年唐山市附近潮间带滩涂分布

f. 1999～2001年唐山市附近潮间带滩涂分布

g. 2002～2004年唐山市附近潮间带滩涂分布

h. 2005～2007年唐山市附近潮间带滩涂分布

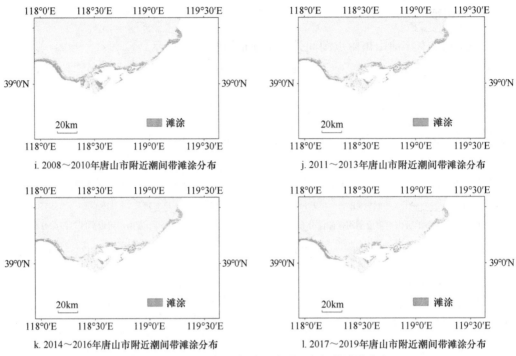

i. 2008～2010年唐山市附近潮间带滩涂分布　　　　j. 2011～2013年唐山市附近潮间带滩涂分布

k. 2014～2016年唐山市附近潮间带滩涂分布　　　　l. 2017～2019年唐山市附近潮间带滩涂分布

图 3-48　1984～2019 年唐山市附近潮间带滩涂分布

　　如图 3-49 所示，对 1984～2019 年唐山市附近潮间带滩涂进行面积统计。区域内潮间带滩涂面积整体上呈现减小的趋势，其中 1984～1989 年迅速减小，1990～2010 年较为稳定，2011～2019 年迅速减小。采用线性拟合分析时 1984～2019 年面积年均减小约 6.02km²。各年份中，面积最大的时期为 1984～1986 年，面积约为 404.23km²，面积最小的时期为 2017～2019 年，面积约为 164.04km²，2017～2019 年与 1984～1986 年相比减小约 59.42%。

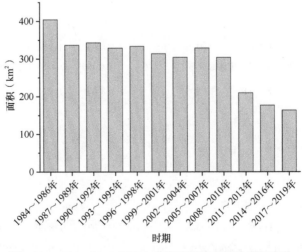

图 3-49　1984～2019 年唐山市附近潮间带滩涂面积变化

8. 天津市滨海新区

1984～2019 年天津市滨海新区附近潮间带滩涂分布如图 3-50 所示。

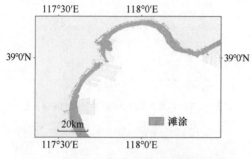

a. 1984～1986年天津市滨海新区附近潮间带滩涂分布

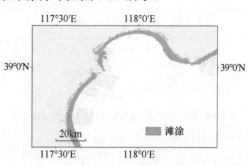

b. 1987～1989年天津市滨海新区附近潮间带滩涂分布

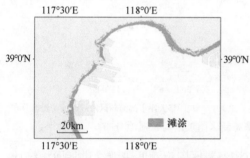

c. 1990～1992年天津市滨海新区附近潮间带滩涂分布

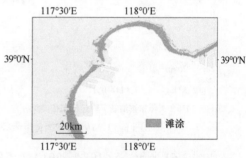

d. 1993～1995年天津市滨海新区附近潮间带滩涂分布

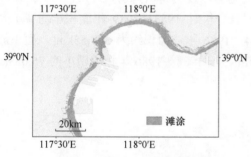

e. 1996～1998年天津市滨海新区附近潮间带滩涂分布

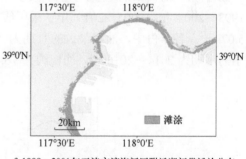

f. 1999～2001年天津市滨海新区附近潮间带滩涂分布

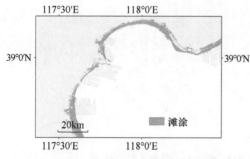

g. 2002～2004年天津市滨海新区附近潮间带滩涂分布

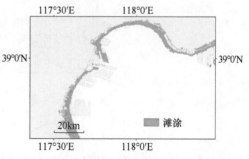

h. 2005～2007年天津市滨海新区附近潮间带滩涂分布

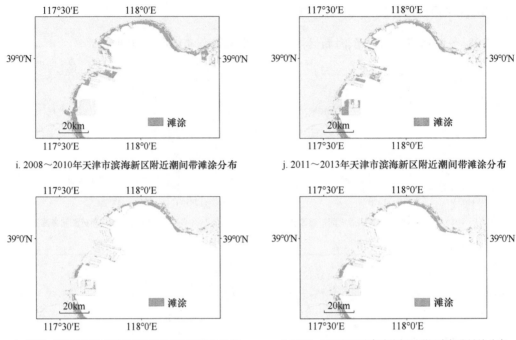

i. 2008～2010年天津市滨海新区附近潮间带滩涂分布　　j. 2011～2013年天津市滨海新区附近潮间带滩涂分布

k. 2014～2016年天津市滨海新区附近潮间带滩涂分布　　l. 2017～2019年天津市滨海新区附近潮间带滩涂分布

图 3-50　1984～2019 年天津市滨海新区附近潮间带滩涂分布

　　如图 3-51 所示，对 1984～2019 年天津市滨海新区附近潮间带滩涂进行面积统计。区域内潮间带滩涂面积整体上呈现波动减小的趋势，波动周期分别为 1984～1992 年、1993～2004 年、2005～2019 年。采用线性拟合分析时 1984～2019 年面积年均减小约 5.07km^2。各年份中，面积最大的时期为 1984～1986 年，面积约为 307.55km^2，面积最小的时期为 2014～2016 年，面积约为 76.73km^2，与 1984～1986 年相比减小约 75.05%。

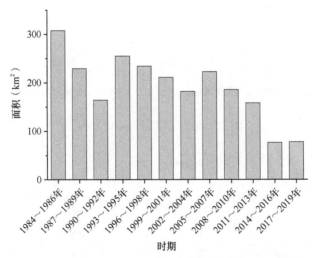

图 3-51　1984～2019 年天津市滨海新区附近潮间带滩涂面积变化

9. 沧州市

1984～2019 年沧州市附近潮间带滩涂分布如图 3-52 所示。

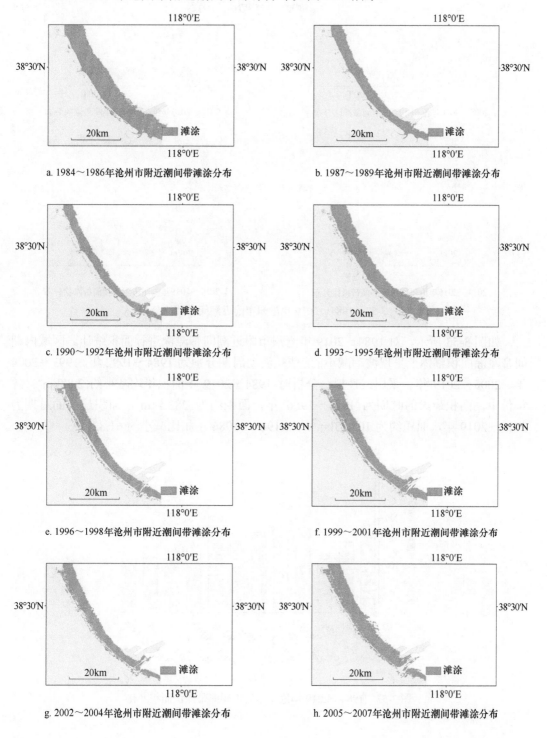

a. 1984～1986 年沧州市附近潮间带滩涂分布

b. 1987～1989 年沧州市附近潮间带滩涂分布

c. 1990～1992 年沧州市附近潮间带滩涂分布

d. 1993～1995 年沧州市附近潮间带滩涂分布

e. 1996～1998 年沧州市附近潮间带滩涂分布

f. 1999～2001 年沧州市附近潮间带滩涂分布

g. 2002～2004 年沧州市附近潮间带滩涂分布

h. 2005～2007 年沧州市附近潮间带滩涂分布

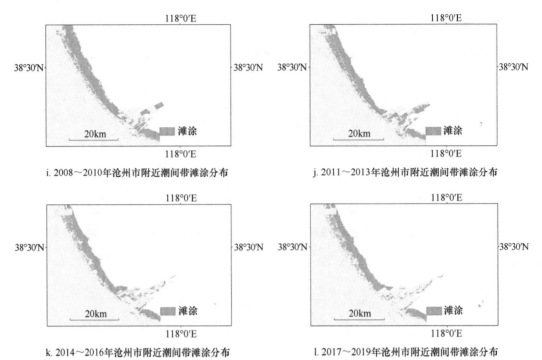

i. 2008～2010年沧州市附近潮间带滩涂分布　　　　j. 2011～2013年沧州市附近潮间带滩涂分布

k. 2014～2016年沧州市附近潮间带滩涂分布　　　　l. 2017～2019年沧州市附近潮间带滩涂分布

图 3-52　1984～2019 年沧州市附近潮间带滩涂分布

如图 3-53 所示，对 1984～2019 年沧州市附近潮间带滩涂进行面积统计。区域内潮间带滩涂面积整体上呈现波动减小的趋势，波动周期分别为 1984～1992 年、1993～2004 年、2005～2019 年。采用线性拟合分析时 1984～2019 年面积年均减小约 2.88km^2。各年份中，面积最大的时期为 1984～1986 年，面积约为 283.5km^2，面积最小的时期为 2017～2019 年，面积约为 108.23km^2，与 1984～1986 年相比减小约 61.82%。

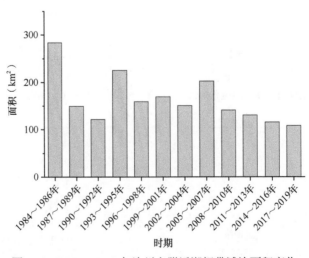

图 3-53　1984～2019 年沧州市附近潮间带滩涂面积变化

10. 滨州市

1984～2019 年滨州市附近潮间带滩涂分布如图 3-54 所示。

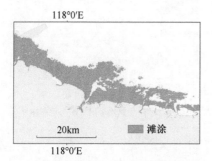

a. 1984～1986年滨州市附近潮间带滩涂分布

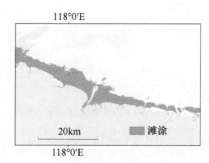

b. 1987～1989年滨州市附近潮间带滩涂分布

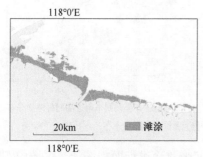

c. 1990～1992年滨州市附近潮间带滩涂分布

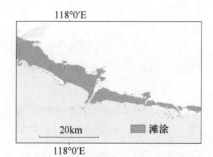

d. 1993～1995年滨州市附近潮间带滩涂分布

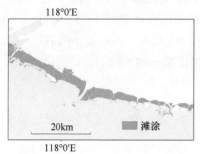

e. 1996～1998年滨州市附近潮间带滩涂分布

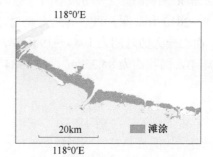

f. 1999～2001年滨州市附近潮间带滩涂分布

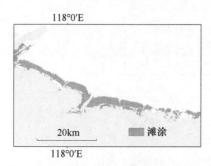

g. 2002～2004年滨州市附近潮间带滩涂分布

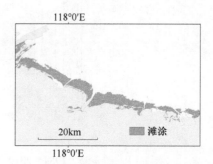

h. 2005～2007年滨州市附近潮间带滩涂分布

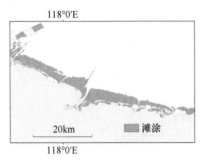

i. 2008~2010年滨州市附近潮间带滩涂分布

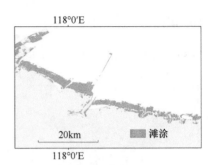

j. 2011~2013年滨州市附近潮间带滩涂分布

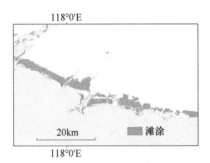

k. 2014~2016年滨州市附近潮间带滩涂分布

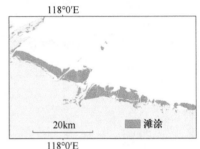

l. 2017~2019年滨州市附近潮间带滩涂分布

图 3-54　1984~2019 年滨州市附近潮间带滩涂分布

如图 3-55 所示，对 1984~2019 年滨州市潮间带滩涂进行面积统计。区域内潮间带滩涂面积整体上呈现波动减小的趋势，波动周期分别为 1984~1992 年、1993~2007 年、2008~2019 年。采用线性拟合分析时 1984~2019 年面积年均减小约 2.48km^2。各年份中，面积最大的时期为 1984~1986 年，面积约为 240.97km^2，面积最小的时期为 2002~2004 年，面积约为 84.25km^2，与 1984~1986 年相比减小约 65.04%。

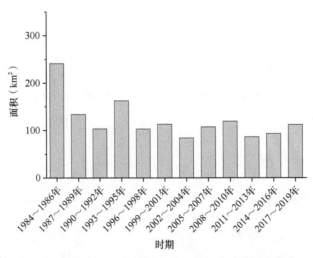

图 3-55　1984~2019 年滨州市附近潮间带滩涂面积变化

11. 东营市

1984～2019 年东营市附近潮间带滩涂分布如图 3-56 所示。

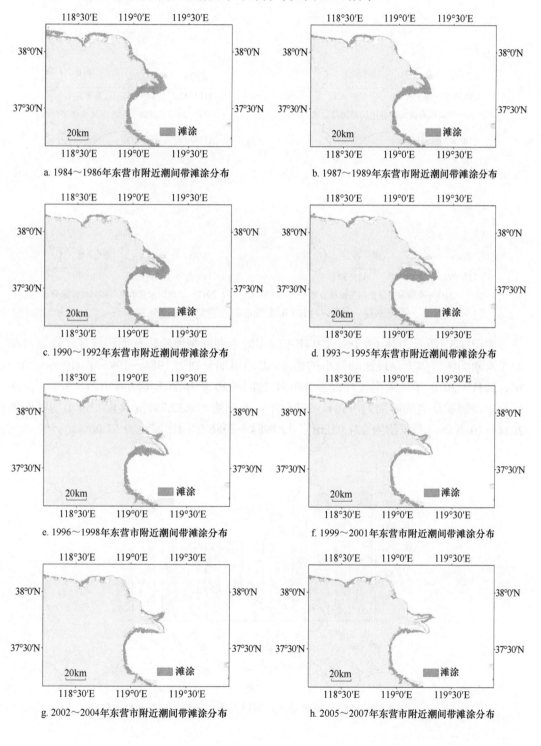

a. 1984～1986年东营市附近潮间带滩涂分布

b. 1987～1989年东营市附近潮间带滩涂分布

c. 1990～1992年东营市附近潮间带滩涂分布

d. 1993～1995年东营市附近潮间带滩涂分布

e. 1996～1998年东营市附近潮间带滩涂分布

f. 1999～2001年东营市附近潮间带滩涂分布

g. 2002～2004年东营市附近潮间带滩涂分布

h. 2005～2007年东营市附近潮间带滩涂分布

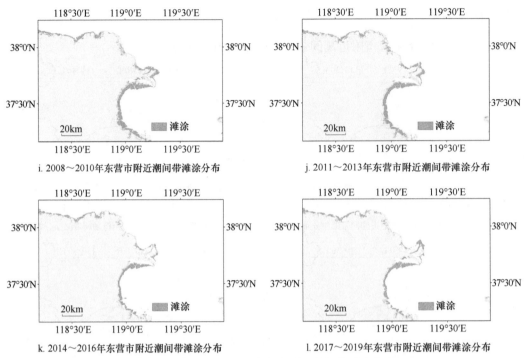

i. 2008～2010年东营市附近潮间带滩涂分布   j. 2011～2013年东营市附近潮间带滩涂分布

k. 2014～2016年东营市附近潮间带滩涂分布   l. 2017～2019年东营市附近潮间带滩涂分布

图 3-56　1984～2019 年东营市附近潮间带滩涂分布

如图 3-57 所示，对 1984～2019 年东营市附近潮间带滩涂进行面积统计。区域内潮间带滩涂面积整体上呈现波动减小的趋势，波动周期分别为 1984～1995 年、1996～2010年、2011～2019 年。采用线性拟合分析时 1984～2019 年面积年均减小约 9.36km^2。各年份中，面积最大的时期为 1984～1986 年，面积约为 632.39km^2，面积最小的时期为2014～2016 年，面积约为 271.95km^2，与 1984～1986 年相比减小约 57.00%。

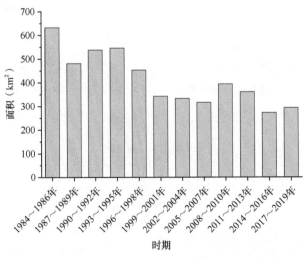

图 3-57　1984～2019 年东营市附近潮间带滩涂面积变化

12. 潍坊市

1984～2019 年潍坊市附近潮间带滩涂分布如图 3-58 所示。

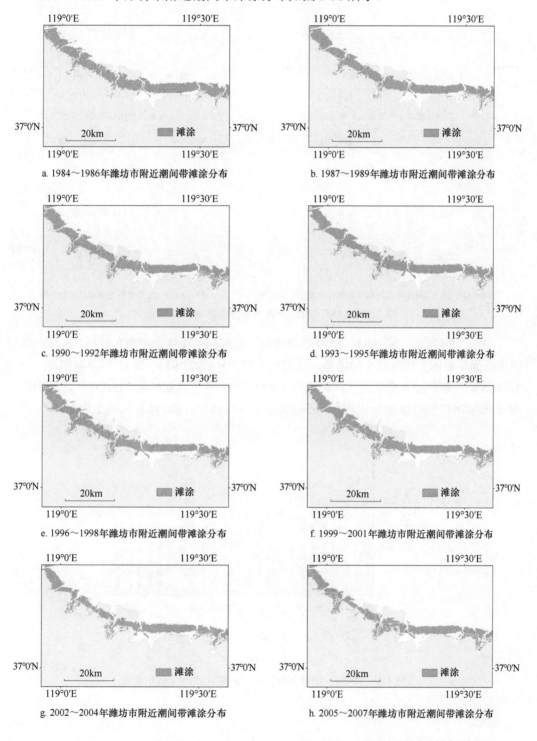

a. 1984～1986年潍坊市附近潮间带滩涂分布

b. 1987～1989年潍坊市附近潮间带滩涂分布

c. 1990～1992年潍坊市附近潮间带滩涂分布

d. 1993～1995年潍坊市附近潮间带滩涂分布

e. 1996～1998年潍坊市附近潮间带滩涂分布

f. 1999～2001年潍坊市附近潮间带滩涂分布

g. 2002～2004年潍坊市附近潮间带滩涂分布

h. 2005～2007年潍坊市附近潮间带滩涂分布

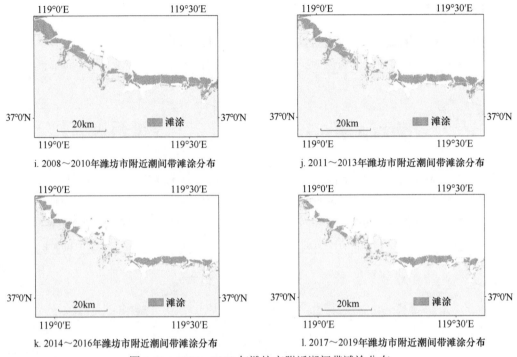

i. 2008～2010年潍坊市附近潮间带滩涂分布　　　j. 2011～2013年潍坊市附近潮间带滩涂分布

k. 2014～2016年潍坊市附近潮间带滩涂分布　　　l. 2017～2019年潍坊市附近潮间带滩涂分布

图 3-58　1984～2019 年潍坊市附近潮间带滩涂分布

如图 3-59 所示，对 1984～2019 年潍坊市附近潮间带滩涂进行面积统计。区域内潮间带滩涂面积整体上呈现减小的趋势，采用线性拟合分析时 1984～2019 年面积年均减小约 3.50km²。各年份中，面积最大的时期为 1984～1986 年，面积约为 215.75km²，面积最小的时期为 2017～2019 年，面积约为 94.93km²，与 1984～1986 年相比减小约 56.00%。

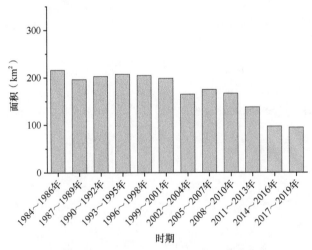

图 3-59　1984～2019 年潍坊市附近潮间带滩涂面积变化

13. 烟台市及威海市部分区域

1984～2019 年烟台市附近潮间带滩涂分布如图 3-60 所示。

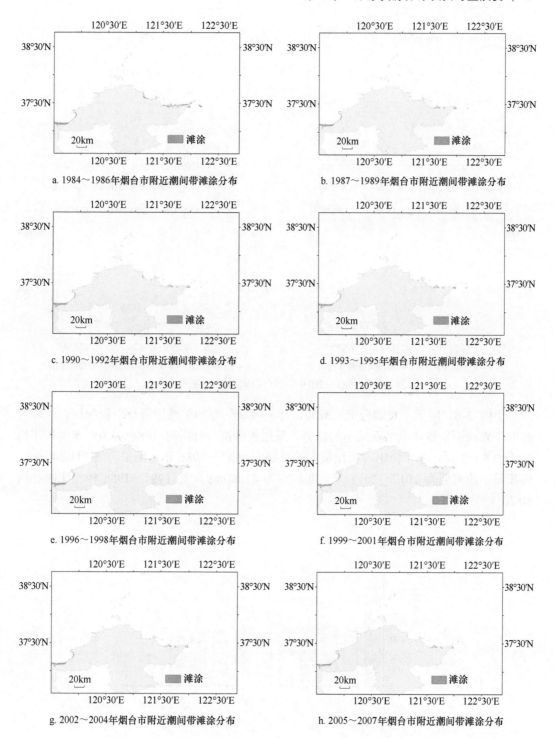

a. 1984～1986年烟台市附近潮间带滩涂分布

b. 1987～1989年烟台市附近潮间带滩涂分布

c. 1990～1992年烟台市附近潮间带滩涂分布

d. 1993～1995年烟台市附近潮间带滩涂分布

e. 1996～1998年烟台市附近潮间带滩涂分布

f. 1999～2001年烟台市附近潮间带滩涂分布

g. 2002～2004年烟台市附近潮间带滩涂分布

h. 2005～2007年烟台市附近潮间带滩涂分布

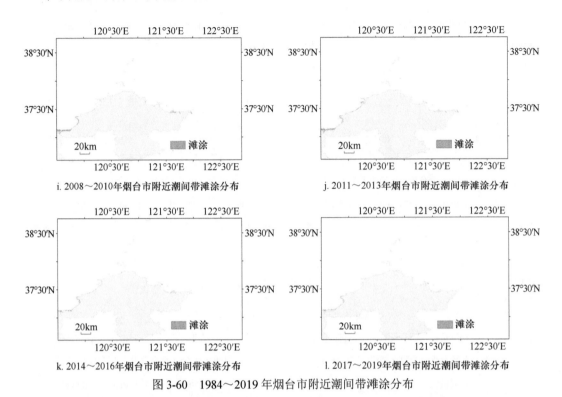

i. 2008～2010年烟台市附近潮间带滩涂分布　　　j. 2011～2013年烟台市附近潮间带滩涂分布

k. 2014～2016年烟台市附近潮间带滩涂分布　　　l. 2017～2019年烟台市附近潮间带滩涂分布

图 3-60　1984～2019 年烟台市附近潮间带滩涂分布

　　如图 3-61 所示，对烟台市及威海市部分区域的潮间带滩涂进行面积统计。区域内潮间带滩涂面积整体上呈现减小的趋势。采用线性拟合分析时 1984～2019 年面积年均减小约 2.98km^2。各年份中，面积最大的时期为 1984～1986 年，面积约为 211.24km^2，面积最小的时期为 2017～2019 年，面积约为 41.82km^2，与 1984～1986 年相比减小约 80.20%。

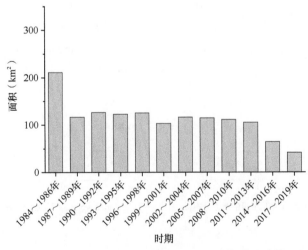

图 3-61　1984～2019 年烟台市及威海市部分区域潮间带滩涂面积变化

3.3.2 江苏沿海滩涂分布

3.3.2.1 整体分布

对江苏沿海 1984～2019 年滩涂分布进行可视化，其结果如图 3-62 所示。

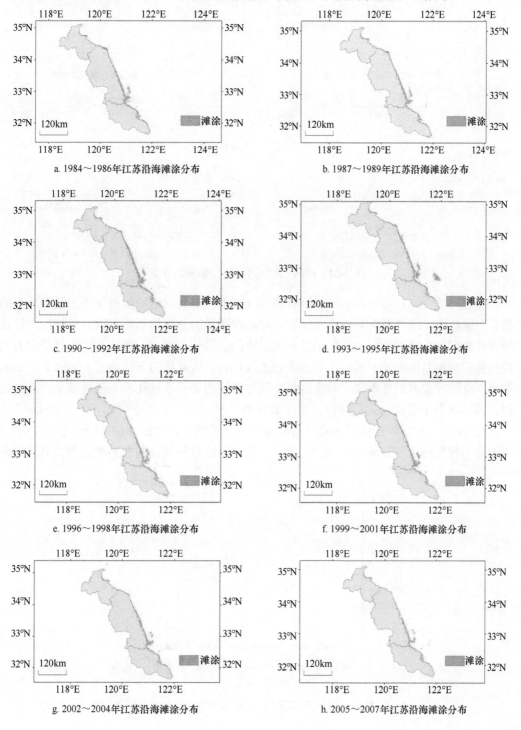

a. 1984～1986年江苏沿海滩涂分布

b. 1987～1989年江苏沿海滩涂分布

c. 1990～1992年江苏沿海滩涂分布

d. 1993～1995年江苏沿海滩涂分布

e. 1996～1998年江苏沿海滩涂分布

f. 1999～2001年江苏沿海滩涂分布

g. 2002～2004年江苏沿海滩涂分布

h. 2005～2007年江苏沿海滩涂分布

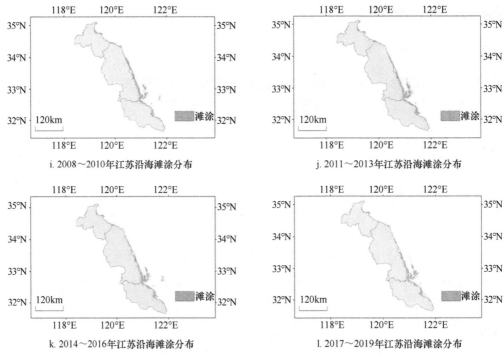

i. 2008~2010年江苏沿海滩涂分布　　　　j. 2011~2013年江苏沿海滩涂分布

k. 2014~2016年江苏沿海滩涂分布　　　　l. 2017~2019年江苏沿海滩涂分布

图 3-62　1984~2019 年江苏沿海滩涂分布

通过对比 1984~2019 年江苏沿海滩涂分布可以得到，滩涂面积整体上呈现减小的趋势，这是由于江苏沿海滩涂资源丰富，对滩涂资源的开发与利用可以有效解决土地资源短缺的问题，增加粮棉油的供给并促进沿海经济的快速发展。滩涂的内边界受到人为和自然双重因素的影响，其中人为因素占主导地位，而滩涂的外边界受人为因素的影响很小，自然因素占主导地位，滩涂自然发展对面积的补充远远比不上围垦减小的滩涂面积，因此随着年份的增大，滩涂面积逐渐减小。

对 1984~2019 年江苏沿海潮间带滩涂进行面积统计，如图 3-63 所示，区域内潮间带滩涂面积整体上呈现波动减小的趋势。采用三角函数和线性函数的组合形式对滩涂面

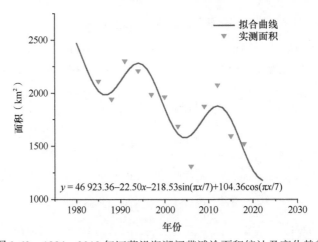

$$y = 46\ 923.36 - 22.50x - 218.53\sin(\pi x/7) + 104.36\cos(\pi x/7)$$

图 3-63　1984~2019 年江苏沿海潮间带滩涂面积统计及变化趋势

积历时变化进行拟合时,波动的周期为18年。根据波动曲线和12个时期的统计值,将1984~2019 年划分为 3 个波动阶段,分别为1984~1995 年、1996~2013 年、2014~2019 年。江苏沿海潮间带滩涂面积波动的振幅为242.17,斜率为–22.50,波动幅值相对于下降速率的影响较小,整体下降趋势较为陡峭,其中面积最大的时期为 1990~1992 年,面积约为 2301.465km^2,面积最小的时期为2005~2007 年,面积约为 1310.614km^2,减小约43.05%。

根据岸线归属确定各子区域主体城市（图 3-64），2017~2019 年江苏沿海各子区域潮间带滩涂面积及平均宽度如表 3-11 所示。

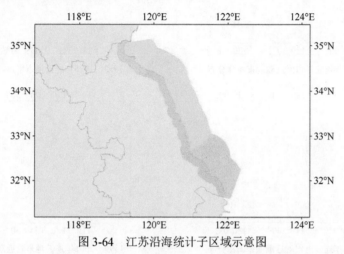

图 3-64 江苏沿海统计子区域示意图

表 3-11 2017~2019 年江苏沿海各子区域潮间带滩涂面积及平均宽度

省份	子区域	面积（km^2）	平均宽度（m）
江苏	连云港市	92.515	347.76
	盐城市	504.323	1243.17
	南通市	926.568	1963.26

3.3.2.2 各子区域分布

1. 连云港市

1984~2019 年连云港市附近潮间带滩涂分布如图 3-65 所示。

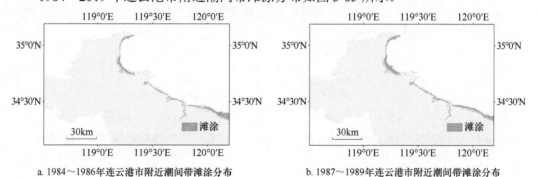

a. 1984~1986年连云港市附近潮间带滩涂分布　　　b. 1987~1989年连云港市附近潮间带滩涂分布

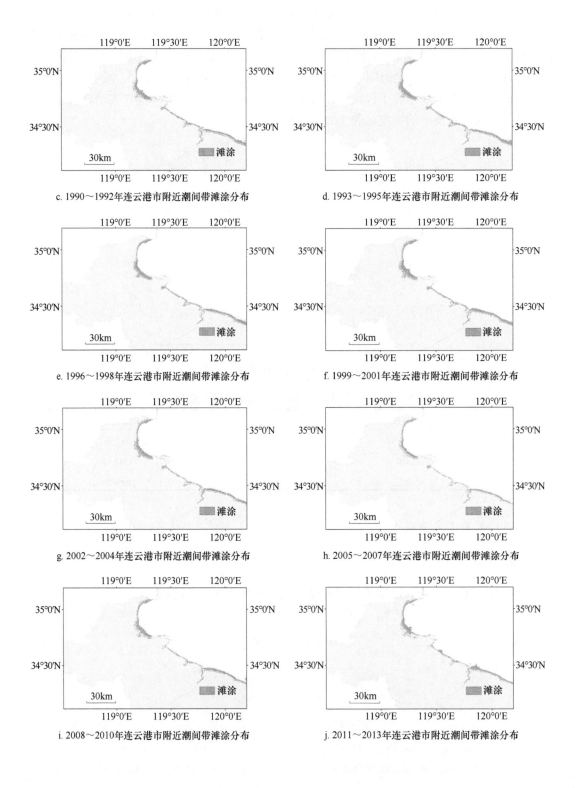

c. 1990~1992年连云港市附近潮间带滩涂分布

d. 1993~1995年连云港市附近潮间带滩涂分布

e. 1996~1998年连云港市附近潮间带滩涂分布

f. 1999~2001年连云港市附近潮间带滩涂分布

g. 2002~2004年连云港市附近潮间带滩涂分布

h. 2005~2007年连云港市附近潮间带滩涂分布

i. 2008~2010年连云港市附近潮间带滩涂分布

j. 2011~2013年连云港市附近潮间带滩涂分布

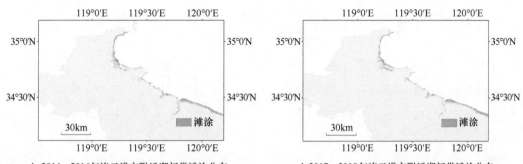

k. 2014～2016年连云港市附近潮间带滩涂分布　　　　l. 2017～2019年连云港市附近潮间带滩涂分布

图 3-65　1984～2019 年连云港市附近潮间带滩涂分布

如图 3-66 所示，对 1984～2019 年连云港市附近潮间带滩涂进行面积统计。区域内潮间带滩涂面积整体上呈现波动减小的趋势，波动周期分别为 1984～1998 年、1999～2007 年、2008～2019 年，2011～2019 年面积迅速减小。采用线性拟合分析时 1984～2019 年面积年均减小约 1.07km²。各年份中，面积最大的时期为 1999～2001 年，面积约为 180.62km²，面积最小的时期为 2017～2019 年，面积约为 92.52km²。2017～2019 年与 1984～1986 年相比面积减小约 29.42%，与峰值相比减小约 48.78%。

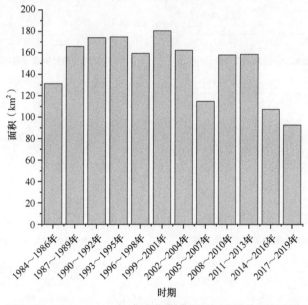

图 3-66　1984～2019 年连云港市附近潮间带滩涂面积变化

2. 盐城市

1984～2019 年盐城市附近潮间带滩涂分布如图 3-67 所示。

如图 3-68 所示，对 1984～2019 年盐城市附近潮间带滩涂进行面积统计。区域内潮间带滩涂面积整体上呈现波动减小的趋势，但减小幅度不大，波动周期分别为 1984～2004 年、2005～2019 年。采用线性拟合分析时 1984～2019 年面积年均减小约 2.84km²。各年份中，面积最大的时期为 1996～1998 年，面积约为 613.97km²，面积最小的时期

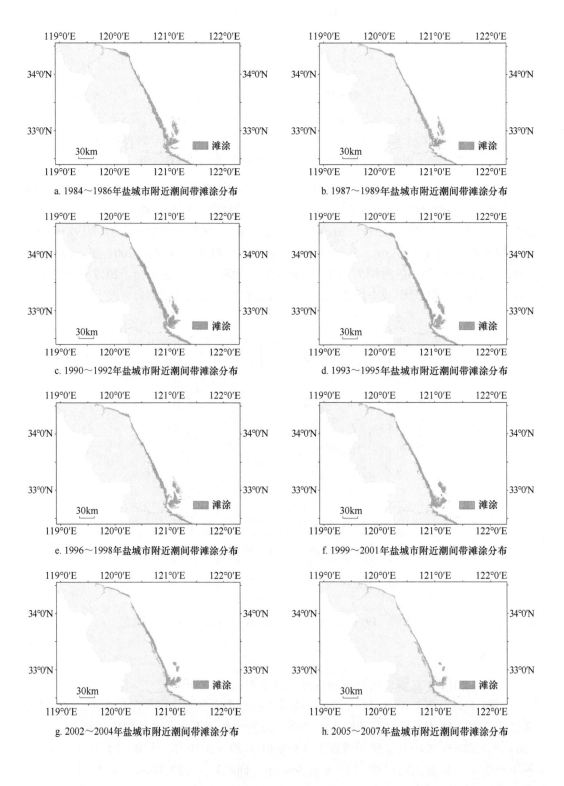

a. 1984～1986年盐城市附近潮间带滩涂分布

b. 1987～1989年盐城市附近潮间带滩涂分布

c. 1990～1992年盐城市附近潮间带滩涂分布

d. 1993～1995年盐城市附近潮间带滩涂分布

e. 1996～1998年盐城市附近潮间带滩涂分布

f. 1999～2001年盐城市附近潮间带滩涂分布

g. 2002～2004年盐城市附近潮间带滩涂分布

h. 2005～2007年盐城市附近潮间带滩涂分布

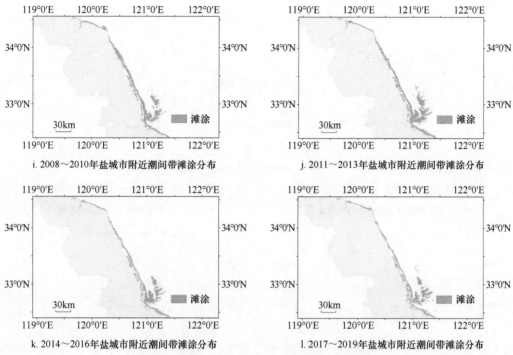

i. 2008～2010年盐城市附近潮间带滩涂分布   j. 2011～2013年盐城市附近潮间带滩涂分布

k. 2014～2016年盐城市附近潮间带滩涂分布   l. 2017～2019年盐城市附近潮间带滩涂分布

图 3-67 1984～2019 年盐城市附近潮间带滩涂分布

为 2002～2004 年，面积约为 424.97km^2，2017～2019 年与 1984～1986 年相比减小约 16.86%，与峰值相比减小约 17.86%。

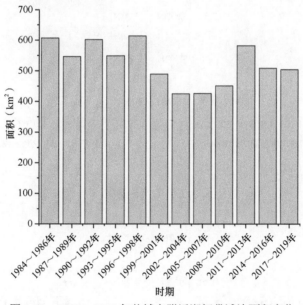

图 3-68 1984～2019 年盐城市附近潮间带滩涂面积变化

3. 南通市

1984～2019 年南通市附近潮间带滩涂分布如图 3-69 所示。

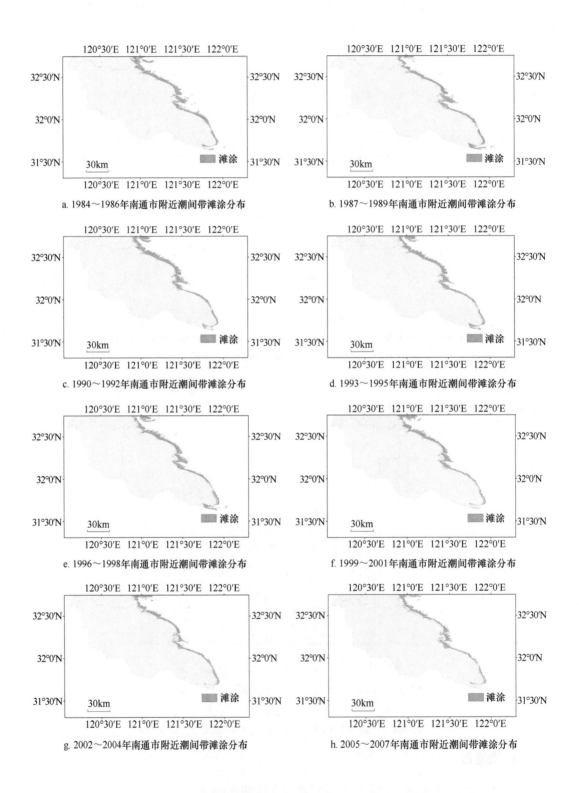

a. 1984～1986年南通市附近潮间带滩涂分布

b. 1987～1989年南通市附近潮间带滩涂分布

c. 1990～1992年南通市附近潮间带滩涂分布

d. 1993～1995年南通市附近潮间带滩涂分布

e. 1996～1998年南通市附近潮间带滩涂分布

f. 1999～2001年南通市附近潮间带滩涂分布

g. 2002～2004年南通市附近潮间带滩涂分布

h. 2005～2007年南通市附近潮间带滩涂分布

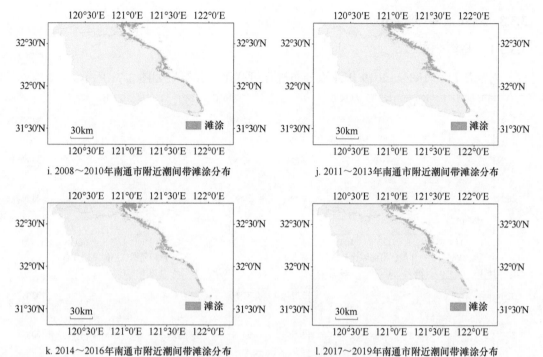

i. 2008～2010年南通市附近潮间带滩涂分布　　　　j. 2011～2013年南通市附近潮间带滩涂分布

k. 2014～2016年南通市附近潮间带滩涂分布　　　　l. 2017～2019年南通市附近潮间带滩涂分布

图 3-69　1984～2019 年南通市附近潮间带滩涂分布

如图 3-70 所示，对 1984～2019 年南通市附近潮间带滩涂进行面积统计。区域内潮间带滩涂面积整体上呈现波动减小的趋势，波动周期分别为 1984～1995 年、1996～2004 年、2005～2019 年。采用线性拟合分析时 1984～2019 年面积年均减小约 12.41km²。各年份中，面积最大的时期为 1990～1992 年，面积约为 1525.44km²，面积最小的时期为 2005～2007 年，面积约为 769.89km²，2017～2019 年与 1984～1986 年相比减小约 32.54%，与峰值相比减小约 39.26%。

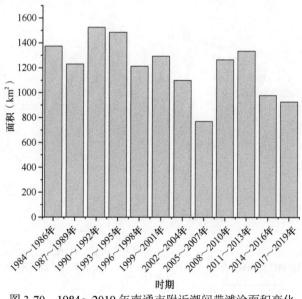

图 3-70　1984～2019 年南通市附近潮间带滩涂面积变化

3.3.3 浙江沿海①滩涂分布

3.3.3.1 整体分布

对浙江沿海 1984～2019 年滩涂分布进行可视化，其结果如图 3-71 所示。

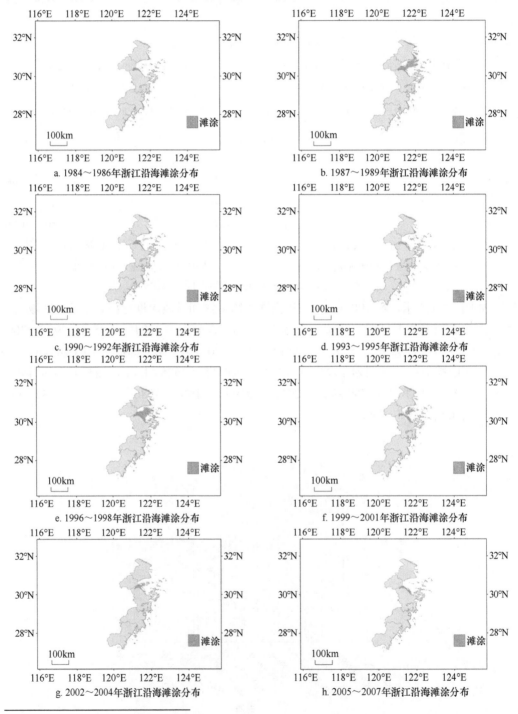

a. 1984～1986年浙江沿海滩涂分布　　　　b. 1987～1989年浙江沿海滩涂分布

c. 1990～1992年浙江沿海滩涂分布　　　　d. 1993～1995年浙江沿海滩涂分布

e. 1996～1998年浙江沿海滩涂分布　　　　f. 1999～2001年浙江沿海滩涂分布

g. 2002～2004年浙江沿海滩涂分布　　　　h. 2005～2007年浙江沿海滩涂分布

①在统计浙江沿海滩涂分布时，也统计了上海沿海滩涂分布，在此部分列出。

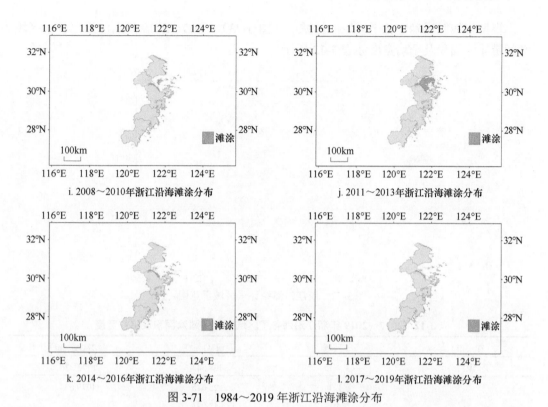

i. 2008～2010年浙江沿海滩涂分布　　　　　j. 2011～2013年浙江沿海滩涂分布

k. 2014～2016年浙江沿海滩涂分布　　　　　l. 2017～2019年浙江沿海滩涂分布

图 3-71　1984～2019 年浙江沿海滩涂分布

对 1984～2019 年浙江沿海潮间带滩涂进行面积统计，如图 3-72 所示，区域内潮间带滩涂面积整体上呈现波动减小的趋势。采用三角函数和线性函数的组合形式对潮间带滩涂面积历时变化进行拟合时，波动的周期为 12 年。根据波动曲线和 12 个时期的统计值，将1984～2019 年划分为 3 个波动阶段，分别为 1984～1998 年、1999～2010 年、2011～2019年。潮间带滩涂面积波动的振幅为 1359.89，斜率为–16.28，波动幅值相对于下降速率的影响较大，整体下降趋势较为平缓，其中面积最大的时期为 1996～1998 年，面积约为6262.44km²，面积最小的时期为 2017～2019 年，面积约为 1765.52km²，减小约 71.81%。

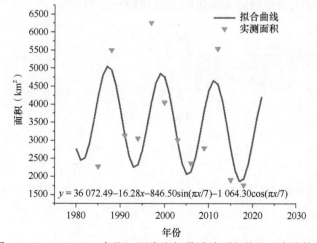

$$y = 36\,072.49 - 16.28x - 846.50\sin(\pi x/7) - 1\,064.30\cos(\pi x/7)$$

图 3-72　1984～2019 年浙江沿海潮间带滩涂面积统计及变化趋势

根据岸线归属确定各子区域主体城市（图 3-73），2017～2019 年浙江沿海各子区域潮间带滩涂面积及平均宽度如表 3-12 所示。

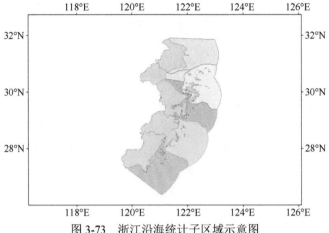

图 3-73　浙江沿海统计子区域示意图

表 3-12　2017～2019 年浙江沿海各子区域潮间带滩涂面积及平均宽度

省（市）	子区域	面积（km²）	平均宽度（m）
上海	上海市	368.544	1775.826
浙江	嘉兴市	125.615	4079.634
	舟山市	647.931	—
	宁波市	143.415	140.074
	台州市	199.359	227.439
	温州市	280.656	525.212

3.3.3.2　各子区域分布

1. 上海市

1984～2019 年上海市附近潮间带滩涂分布如图 3-74 所示。

a. 1984～1986 年上海市附近潮间带滩涂分布

b. 1987～1989 年上海市附近潮间带滩涂分布

c. 1990～1992年上海市附近潮间带滩涂分布

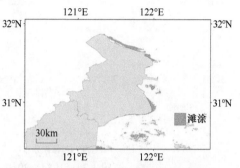

d. 1993～1995年上海市附近潮间带滩涂分布

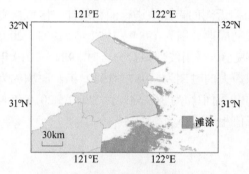

e. 1996～1998年上海市附近潮间带滩涂分布

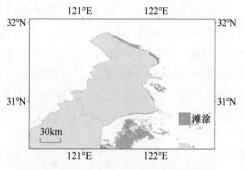

f. 1999～2001年上海市附近潮间带滩涂分布

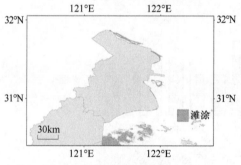

g. 2002～2004年上海市附近潮间带滩涂分布

h. 2005～2007年上海市附近潮间带滩涂分布

i. 2008～2010年上海市附近潮间带滩涂分布

j. 2011～2013年上海市附近潮间带滩涂分布

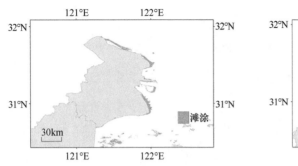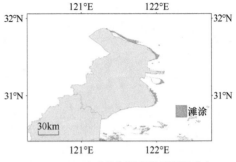

k. 2014～2016年上海市附近潮间带滩涂分布   l. 2017～2019年上海市附近潮间带滩涂分布

图 3-74   1984～2019 年上海市附近潮间带滩涂分布

如图 3-75 所示,对 1984～2019 年上海市附近潮间带滩涂进行面积统计。区域内潮间带滩涂面积整体上呈现波动减小的趋势,波动周期分别为 1984～1992 年、1993～2004 年、2005～2019 年,2011～2019 年面积迅速减小。采用线性拟合分析时 1984～2019 年面积年均减小约 15.82km^2。各年份中,面积最大的时期为 1987～1989 年,面积约为 1408.19km^2,面积最小的时期为 2017～2019 年,面积约为 368.54km^2。2017～2019 年与 1984～1986 年相比面积减小约 34.33%,与峰值相比减小约 73.83%。

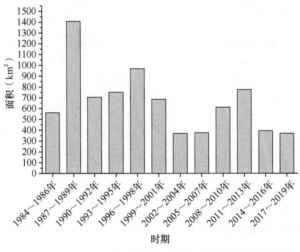

图 3-75   1984～2019 年上海市附近潮间带滩涂面积变化

2. 嘉兴市

1984～2019 年嘉兴市附近潮间带滩涂分布如图 3-76 所示。

如图 3-77 所示,对 1984～2019 年嘉兴市附近潮间带滩涂进行面积统计。区域内潮间带滩涂面积整体上呈现波动减小的趋势,波动周期分别为 1984～1992 年、1993～2004 年、2005～2019 年,2011～2019 年面积迅速减小。采用线性拟合分析时 1984～2019 年面积年均减小约 2.65km^2。各年份中,面积最大的时期为 1996～1998 年,面积约为 866.88km^2,面积最小的时期为 2014～2016 年,面积约为 123.36km^2。2017～2019 年与 1984～1986 年相比面积减小约 25.14%,与峰值相比减小约 85.51%。

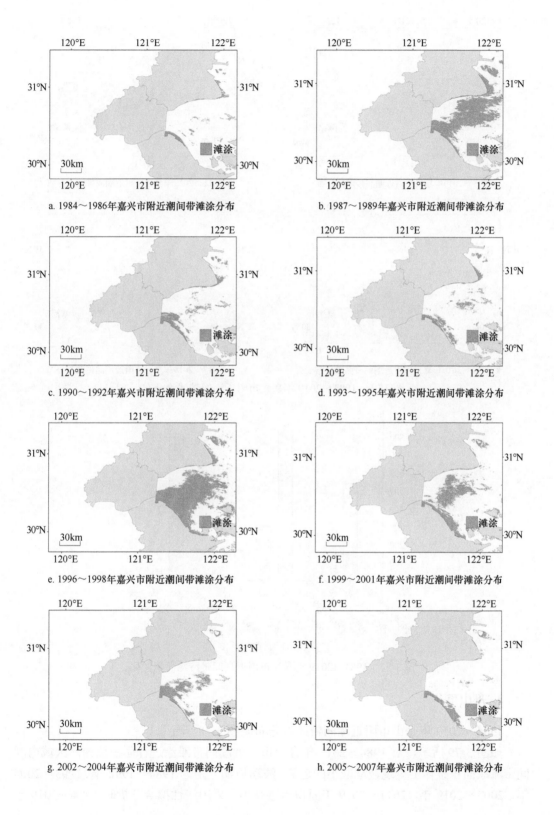

a. 1984～1986年嘉兴市附近潮间带滩涂分布

b. 1987～1989年嘉兴市附近潮间带滩涂分布

c. 1990～1992年嘉兴市附近潮间带滩涂分布

d. 1993～1995年嘉兴市附近潮间带滩涂分布

e. 1996～1998年嘉兴市附近潮间带滩涂分布

f. 1999～2001年嘉兴市附近潮间带滩涂分布

g. 2002～2004年嘉兴市附近潮间带滩涂分布

h. 2005～2007年嘉兴市附近潮间带滩涂分布

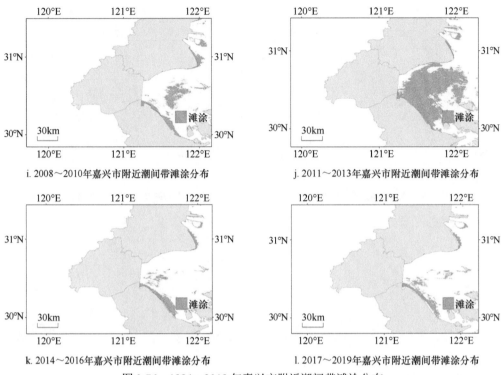

i. 2008～2010年嘉兴市附近潮间带滩涂分布   j. 2011～2013年嘉兴市附近潮间带滩涂分布

k. 2014～2016年嘉兴市附近潮间带滩涂分布   l. 2017～2019年嘉兴市附近潮间带滩涂分布

图 3-76   1984～2019 年嘉兴市附近潮间带滩涂分布

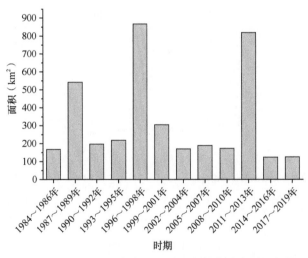

图 3-77   1984～2019 年嘉兴市附近潮间带滩涂面积变化

3. 舟山市

1984～2019 年舟山市附近潮间带滩涂分布如图 3-78 所示。

如图 3-79 所示,对 1984～2019 年舟山市附近潮间带滩涂进行面积统计。区域内潮间带滩涂面积整体上呈现波动减小的趋势,波动周期分别为 1984～1992 年、1993～2004 年、2005～2019 年,2011～2019 年面积迅速减小。采用线性拟合分析时 1984～2019 年

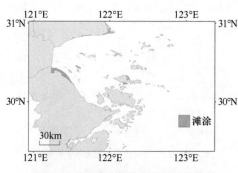

a. 1984～1986年舟山市附近潮间带滩涂分布

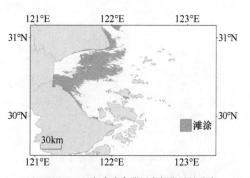

b. 1987～1989年舟山市附近潮间带滩涂分布

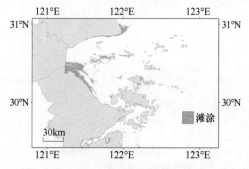

c. 1990～1992年舟山市附近潮间带滩涂分布

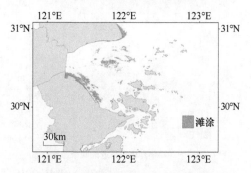

d. 1993～1995年舟山市附近潮间带滩涂分布

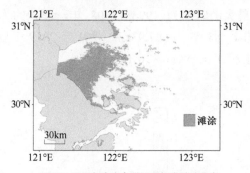

e. 1996～1998年舟山市附近潮间带滩涂分布

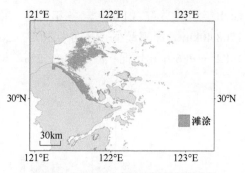

f. 1999～2001年舟山市附近潮间带滩涂分布

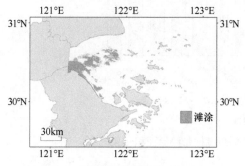

g. 2002～2004年舟山市附近潮间带滩涂分布

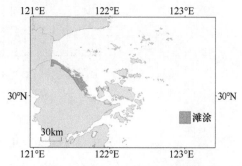

h. 2005～2007年舟山市附近潮间带滩涂分布

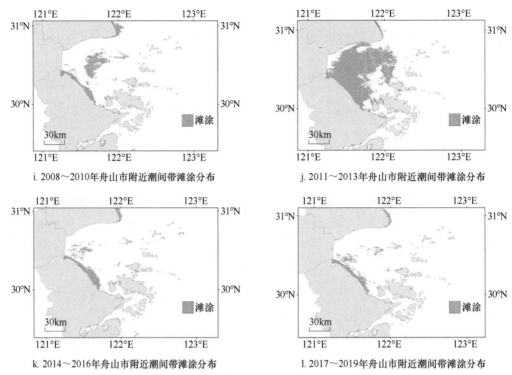

i. 2008～2010年舟山市附近潮间带滩涂分布　　j. 2011～2013年舟山市附近潮间带滩涂分布

k. 2014～2016年舟山市附近潮间带滩涂分布　　l. 2017～2019年舟山市附近潮间带滩涂分布

图 3-78　1984～2019 年舟山市附近潮间带滩涂分布

面积年均减小约 3.14km²。各年份中，面积最大的时期为 1996～1998 年，面积约为 1768.40km²，面积最小的时期为 2017～2019 年，面积约为 647.93km²。2017～2019 年与 1984～1986 年相比面积减小约 8.52%，与峰值相比减小约 63.36%。

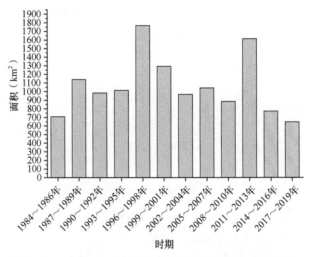

图 3-79　1984～2019 年舟山市附近潮间带滩涂面积变化

4. 宁波市

1984～2019 年宁波市附近潮间带滩涂分布如图 3-80 所示。

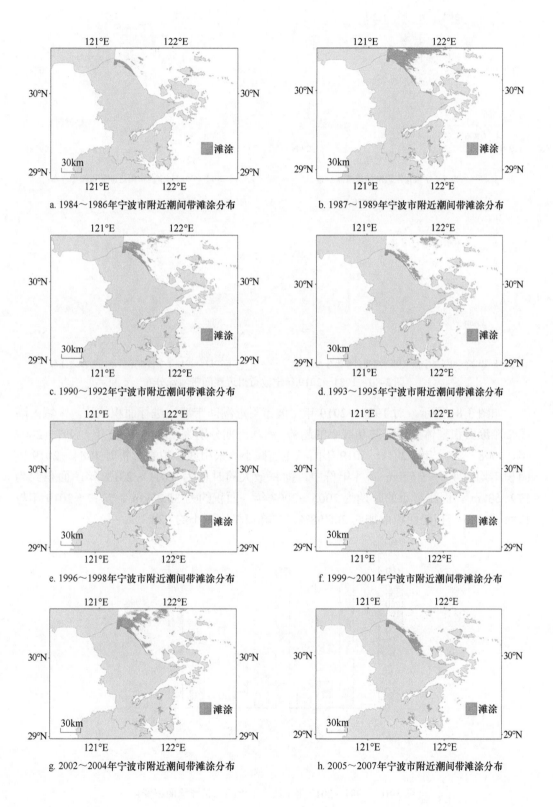

a. 1984～1986年宁波市附近潮间带滩涂分布

b. 1987～1989年宁波市附近潮间带滩涂分布

c. 1990～1992年宁波市附近潮间带滩涂分布

d. 1993～1995年宁波市附近潮间带滩涂分布

e. 1996～1998年宁波市附近潮间带滩涂分布

f. 1999～2001年宁波市附近潮间带滩涂分布

g. 2002～2004年宁波市附近潮间带滩涂分布

h. 2005～2007年宁波市附近潮间带滩涂分布

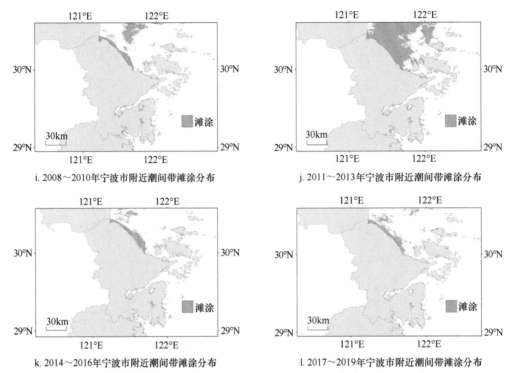

i. 2008～2010年宁波市附近潮间带滩涂分布

j. 2011～2013年宁波市附近潮间带滩涂分布

k. 2014～2016年宁波市附近潮间带滩涂分布

l. 2017～2019年宁波市附近潮间带滩涂分布

图 3-80　1984～2019 年宁波市附近潮间带滩涂分布

如图 3-81 所示，对 1984～2019 年宁波市附近潮间带滩涂进行面积统计。区域内潮间带滩涂面积整体上呈现波动减小的趋势，波动周期分别为 1984～1992 年、1993～2007 年、2008～2019 年，2011～2019 年面积迅速减小。采用线性拟合分析时 1984～2019 年面积年均减小约 5.52km²。各年份中，面积最大的时期为 2011～2013 年，面积约为 1798.53km²，面积最小的时期为 2005～2007 年，面积约为 35.27km²。2017～2019 年与 1984～1986 年相比面积增加约 208.98%，与峰值相比减小约 92.03%。

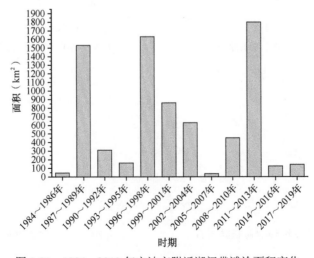

图 3-81　1984～2019 年宁波市附近潮间带滩涂面积变化

5. 台州市

1984～2019 年台州市附近潮间带滩涂分布如图 3-82 所示。

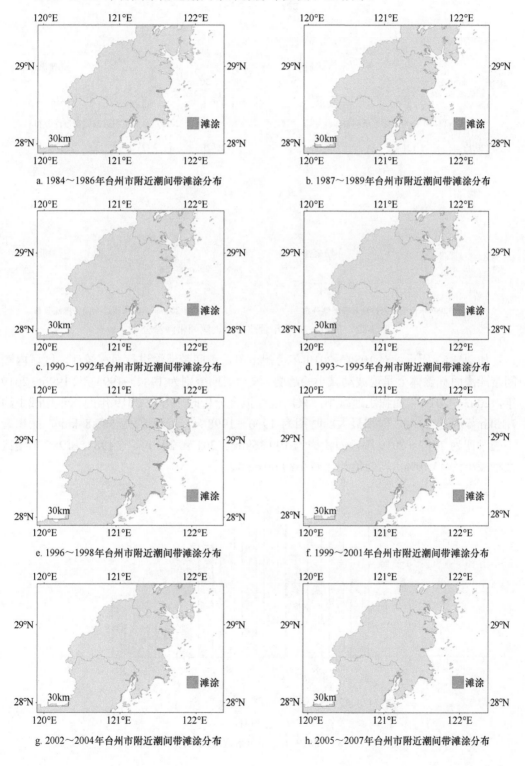

a. 1984～1986年台州市附近潮间带滩涂分布　　　　b. 1987～1989年台州市附近潮间带滩涂分布

c. 1990～1992年台州市附近潮间带滩涂分布　　　　d. 1993～1995年台州市附近潮间带滩涂分布

e. 1996～1998年台州市附近潮间带滩涂分布　　　　f. 1999～2001年台州市附近潮间带滩涂分布

g. 2002～2004年台州市附近潮间带滩涂分布　　　　h. 2005～2007年台州市附近潮间带滩涂分布

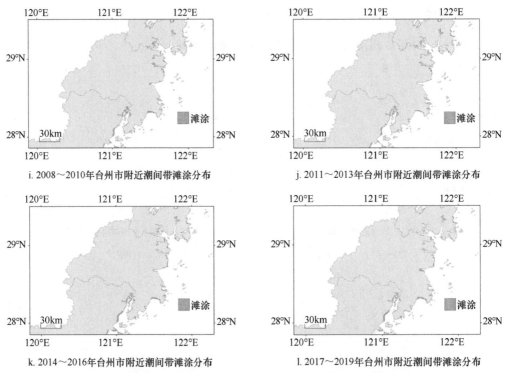

i. 2008～2010年台州市附近潮间带滩涂分布   j. 2011～2013年台州市附近潮间带滩涂分布

k. 2014～2016年台州市附近潮间带滩涂分布   l. 2017～2019年台州市附近潮间带滩涂分布

图 3-82   1984～2019 年台州市附近潮间带滩涂分布

如图 3-83 所示,对 1984～2019 年台州市附近潮间带滩涂进行面积统计。区域内潮间带滩涂面积整体上呈现波动减小的趋势,波动周期分别为 1984～1995 年、1996～2019 年,2002～2019 年面积迅速减小。采用线性拟合分析时 1984～2019 年面积年均减小约7.13km²。各年份中,面积最大的时期为 1996～1998 年,面积约为 506.81km²,面积最小的时期为 2017～2019 年,面积约为 199.36km²。2017～2019 年与 1984～1986 年相比面积减小约 44.10%,与峰值相比减小约 60.66%。

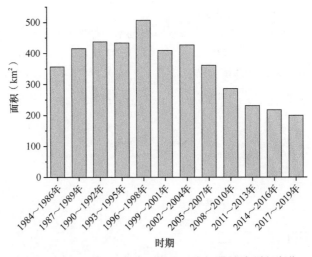

图 3-83   1984～2019 年台州市附近潮间带滩涂面积变化

6. 温州市

1984～2019 年温州市附近潮间带滩涂分布如图 3-84 所示。

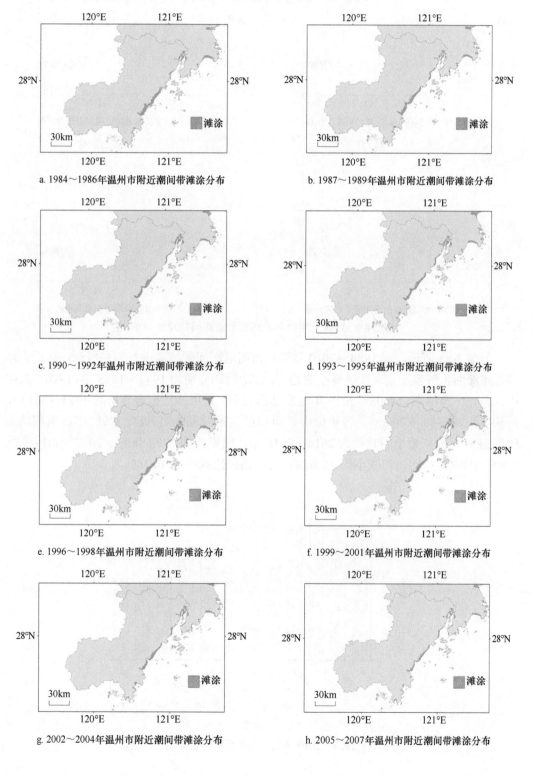

a. 1984～1986年温州市附近潮间带滩涂分布

b. 1987～1989年温州市附近潮间带滩涂分布

c. 1990～1992年温州市附近潮间带滩涂分布

d. 1993～1995年温州市附近潮间带滩涂分布

e. 1996～1998年温州市附近潮间带滩涂分布

f. 1999～2001年温州市附近潮间带滩涂分布

g. 2002～2004年温州市附近潮间带滩涂分布

h. 2005～2007年温州市附近潮间带滩涂分布

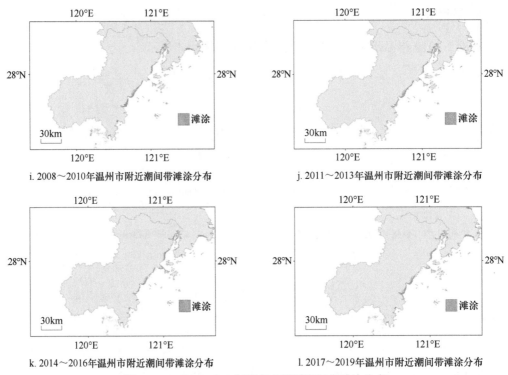

i. 2008～2010年温州市附近潮间带滩涂分布   j. 2011～2013年温州市附近潮间带滩涂分布

k. 2014～2016年温州市附近潮间带滩涂分布   l. 2017～2019年温州市附近潮间带滩涂分布

图 3-84　1984～2019 年温州市附近潮间带滩涂分布

如图 3-85 所示，对 1984～2019 年温州市附近潮间带滩涂进行面积统计。区域内潮间带滩涂面积整体上呈现波动减小的趋势，波动周期分别为 1984～1995 年、1996～2004 年、2005～2019 年，2008～2019 年面积迅速减小。采用线性拟合分析时 1984～2019 年面积年均减小约 6.70km²。各年份中，面积最大的时期为 1996～1998 年，面积约为 521.25km²，面积最小的时期为 2014～2016 年，面积约为 277.59km²。2017～2019 年与 1984～1986 年相比面积减小约 35.80%，与峰值相比减小约 46.16%。

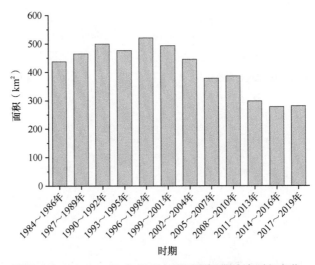

图 3-85　1984～2019 年温州市附近潮间带滩涂面积变化

第4章 滩涂利用模式分布及演变

本章以潮间带监测区域为基础，对环渤海地区、江苏沿海、浙江沿海的滩涂利用模式及其时空演变特征进行分析。首先以环渤海地区为例，介绍基于 Landsat 影像序列的土地利用模式解译流程，基于解译结果分析上述地区 1990～2020 年滩涂利用模式分布及演变，重点分析未利用土地和水域的利用模式及不同利用模式对滩涂自然特性的影响。

4.1 滩涂利用模式遥感解译

本书首先通过随机森林分类对海岸线 25km 范围（扩大样本选取范围）内的土地覆盖进行解译，对公园和沙滩等旅游用地、盐田和养殖场等利用模式进行目视解译，基于叠加分析获取 1990～2020 年滩涂的利用模式。滩涂利用模式遥感解译流程如图 4-1 所示。

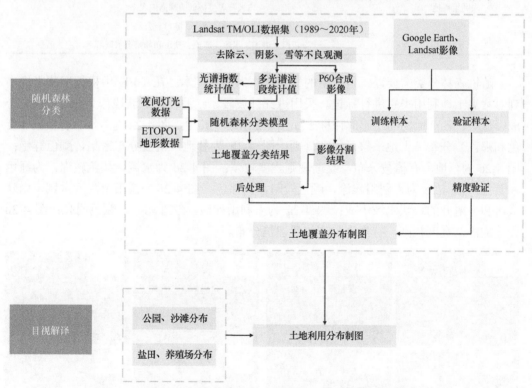

图 4-1 滩涂利用模式遥感解译流程（黄色路径跨越黑色路径）

4.1.1 基于随机森林分类的土地覆盖遥感解译

以基准年±1 年内可以获取的 LT05 和 LC08 影像时间序列为基础，结合地形和基准年的夜间灯光数据对研究区域的土地覆盖类别进行分类。该流程的主要步骤包括：①根据 Google Earth 影像、Landsat 影像时间序列选取标记点；②对遥感影像序列进行统计处理，选取合适的输入特征，基于随机森林分类进行模型训练和分类；③采用面向对象方法对分类结果进行合并处理；④精度验证和制图。

4.1.1.1 土地覆盖分类体系

结合国内外关于海岸带土地覆盖遥感分类系统的分类标准[86, 87]，根据环渤海地区滩涂开发利用的实际情况和遥感影像特征,将环渤海地区海岸带土地覆盖划分为耕地、林地、草地、未利用滩涂、未利用裸地、建成区和水域 7 个类别，其分类说明如表 4-1 所示。

表 4-1　土地覆盖分类说明

类别	分类说明
耕地	水田、旱地等
林地	林地、灌木、苗圃等
草地	低矮植物覆盖区域、潮上带草地等
未利用滩涂	水位变动较大的经常被淹没的泥滩等
未利用裸地	植被覆盖度极低的裸露地表
建成区	城镇、乡村居民点、港口、公路等
水域	近海、湖泊、水库、河流、盐田和养殖场水域等

随机森林分类需要以一定数量的样本点作为训练样本。在 GEE 中根据遥感影像序列对常见土地利用类别进行标记。采用近红外波段、红波段、绿波段作为 RGB 通道合成影像时，各个地物的遥感解译标志如图 4-2 所示。其中，图 4-2a 为耕地，有植被（红色和褐色）分布，土地平整，纹理规则；图 4-2b 为林地，植被分布密集，颜色鲜艳；图 4-2c 为草地，有植被分布，纹理规则程度较差；图 4-2d 为水域，颜色较深，为绿色和蓝色；图 4-2e 为未利用滩涂，颜色较暗，为棕色；图 4-2f 为盐田及附近水域，由建成区和分隔开的块状水域组成；图 4-2g 为未利用裸地，纹理均一，颜色明亮；图 4-2h 为建成区，亮度较高，有规则的方块状建筑分布。

图 4-2　解译标志
a. 耕地；b. 林地；c. 草地；d. 水域；e. 未利用滩涂；f. 盐田及附近水域；g. 未利用裸地；h. 建成区

样本点选取时尽量保证各个时期水体、耕地、建成区样本数量不少于 500 个，其余类别样本数量不少于 300 个。对筛选出的标记点随机分为两组，其中 70%用于制作训练样本，30%用于制作验证样本。环渤海地区各时期选取的样本数量如表 4-2 所示。

表 4-2 环渤海地区各时期选取的样本数量 （单位：个）

年份	样本数量							
	耕地	林地	草地	水域	未利用滩涂	建成区	未利用裸地	总计
1990	649	378	386	515	338	597	301	3 164
2000	734	323	434	502	345	502	303	3 143
2010	628	327	371	511	301	518	310	2 966
2020	540	336	432	530	322	619	300	3 079
总计	2 551	1 364	1 623	2 058	1 306	2 236	1 214	12 352

4.1.1.2 遥感影像序列统计和分类

本研究为了突出地物间的差异，在选取 LT05 和 LC08 的蓝波段、绿波段、红波段、近红外波段、短波红外 1 波段、短波红外 2 波段等原始波段的同时，考虑引入 3 种植被指数（NDVI、EVI、MSAVI）、2 种水体指数（MNDWI、NDWI）、1 种建成区指数（NDBI）等 6 个指数的波段作为基础波段。此外，还引入夜间灯光数据（avg_rad）年度均值、地形数据（bedrock）作为输入特征。

采用遥感影像时间序列的统计值降低潮汐和季节变化对光谱值的影响。分别选取耕地、林地、草地、水域、潮间带泥滩、潮上带裸地和城镇内建成区 7 个区域，绘制 2016～2020 年各个区域各指数均值的历时变化，如图 4-3～图 4-9 所示。不同土地类别的各指数发生波动的影响因素不同，植被指数受到植被生长周期的影响且随季节变化，潮间带

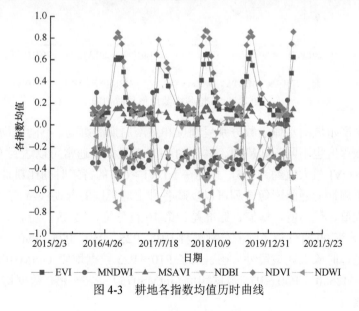

图 4-3 耕地各指数均值历时曲线

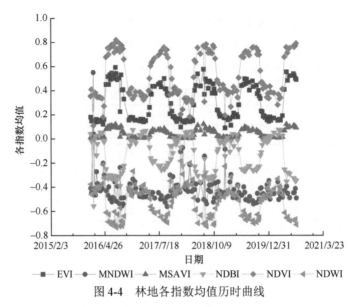

图 4-4 林地各指数均值历时曲线

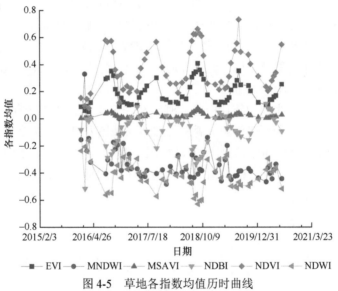

图 4-5 草地各指数均值历时曲线

泥滩和盐田生产水域的水体指数分别受潮位和生产周期的影响。不同地物的同一光谱指数的变动剧烈程度也不同，如耕地、林地的 NDVI 最大值通常可以达到 0.8，草地生长茂盛的区域 NDVI 最大值约为 0.5，林地在 NDVI>0.5 的持续时间比耕地和草地更长。以 3 年为一个周期的遥感影像序列可以反映各种土地类别的周期性特征。对原始波段处理时采用最大值、最小值、均值、标准差、第 10 百分位、第 25 百分位、第 50 百分位、第 75 百分位、第 90 百分位（以下分别简称 P10、P25、P50、P75、P90）共 9 个统计值，对指数波段处理时除上述波段外，还引入了 P10～P25 数据均值（intM1025）、P25～P50 数据均值（intM2550）、P50～P75 数据均值（intM5075）、P75～P90 数据均值（intM7590）等 4 个统计值。

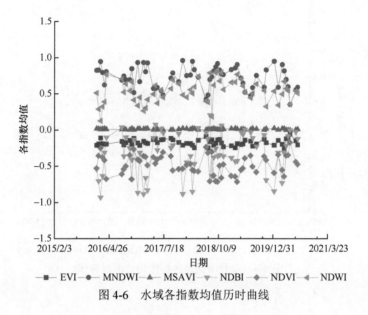

图 4-6　水域各指数均值历时曲线

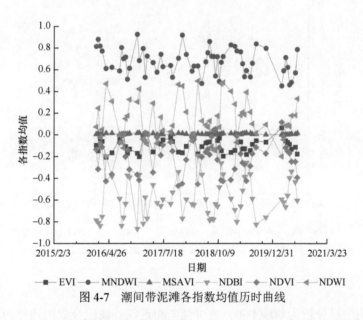

图 4-7　潮间带泥滩各指数均值历时曲线

　　基于上述讨论，本书采用的输入特征共 134 个，具体波段名称见附录 B。其中，重要性排名前 20 的特征如图 4-10 所示，夜间灯光数据和基岩高程重要性较高，光谱指数相对原始波段占有较大的比例。

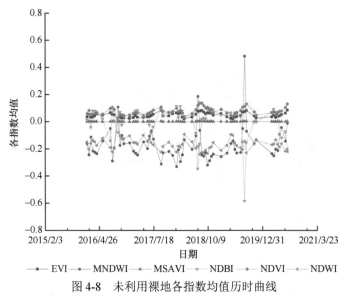

图 4-8 未利用裸地各指数均值历时曲线

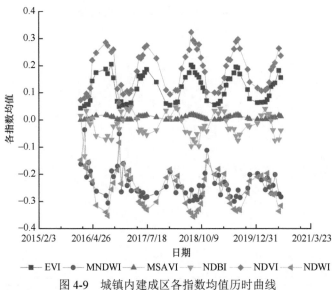

图 4-9 城镇内建成区各指数均值历时曲线

4.1.1.3 后处理和精度评价

以统计值中百分位为 60（P60）的可见光和近红外波段合成影像作为输入，采用面向对象方法进行分割，并对同一对象内的类别进行众数统计，以众数代替该对象整个区域的类别，设置种子间距为 32（size=32）。采用混淆矩阵对分类精度进行验证，各时期混淆矩阵见附录 A.2，各时期总体分类精度均超过 90%，Kappa 系数均超过 0.9（图 4-11），土地覆盖制图符合精度要求。

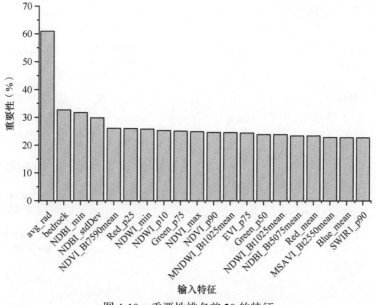

图 4-10　重要性排名前 20 的特征

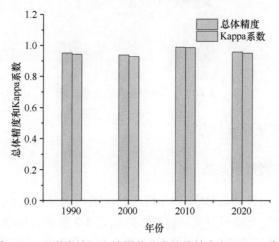

图 4-11　环渤海地区土地覆盖分类总体精度和 Kappa 系数

4.1.2　基于目视解译的土地利用模式分类

基于 4.1.1 小节中土地覆盖数据，结合人工解译的沙滩和公园、养殖场和盐田、河流等数据，对土地利用模式进行划分。将环渤海地区岸线利用模式划分为耕地、生态保护用地、盐田和养殖场、内陆水域、围堤内水域、工业-港口-城镇建设用地、旅游用地和未利用土地 8 个类别，土地利用模式提取流程如图 4-12 所示。

在进行合并处理时，将林地和草地合并为林草地，将未利用滩涂和未利用裸地合并为未利用滩涂和裸地。在进行功能划分时，将林草地划为生态保护用地，将水域根据功能划分为内陆水域、围堤内水域和其他类别，将未利用滩涂和裸地划分为未利用土地，在此基础上依次叠加盐田和养殖场、旅游用地（沙滩和公园）数据，最终获取各个土地类别（不包含未开发的海域）。

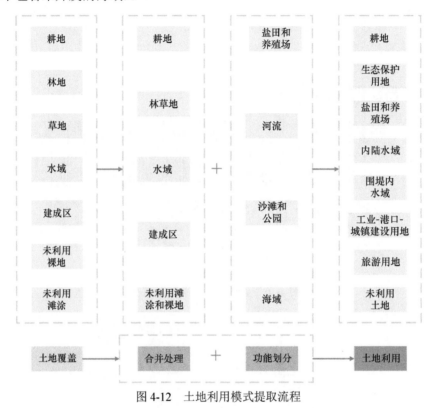

图 4-12　土地利用模式提取流程

4.1.3　滩涂利用模式统计分析方法

4.1.3.1　土地利用空间转移矩阵

采用土地利用空间转移矩阵[88, 89]分析研究区域内土地利用模式变化的数量特征和变化方向。本书使用的土地利用空间转移矩阵如表 4-3 所示。环渤海地区土地面积不断增加且海域面积较大，各时期的总面积需要考虑海域和其他利用类别发生交换的区域，不包含未发生变动的海域，计算时将该面积设为 0。

表 4-3　土地利用空间转移矩阵（%）

土地利用		T_2									总计
		A	E	B	O	S	R	C	T	U	
T_1	A	P_{AA}	P_{AE}	P_{AB}	P_{AO}	P_{AS}	P_{AR}	P_{AC}	P_{AT}	P_{AU}	P_{A+}
	E	P_{EA}	P_{EE}	P_{EB}	P_{EO}	P_{ES}	P_{ER}	P_{EC}	P_{ET}	P_{EU}	P_{E+}
	B	P_{BA}	P_{BE}	P_{BB}	P_{BO}	P_{BS}	P_{BR}	P_{BC}	P_{BT}	P_{BU}	P_{B+}
	O	P_{OA}	P_{OE}	P_{OB}	P_{OO}	P_{OS}	P_{OR}	P_{OC}	P_{OT}	P_{OU}	P_{O+}
	S	P_{SA}	P_{SE}	P_{SB}	P_{SO}	P_{SS}	P_{SR}	P_{SC}	P_{ST}	P_{SU}	P_{S+}
	R	P_{RA}	P_{RE}	P_{RB}	P_{RO}	P_{RS}	P_{RR}	P_{RC}	P_{RT}	P_{RU}	P_{R+}
	C	P_{CA}	P_{CE}	P_{CB}	P_{CO}	P_{CS}	P_{CR}	P_{CC}	P_{CT}	P_{CU}	P_{C+}

土地利用		T_2									总计
		A	E	B	O	S	R	C	T	U	
T_1	T	P_{TA}	P_{TE}	P_{TB}	P_{TO}	P_{TS}	P_{TR}	P_{TC}	P_{TT}	P_{TU}	P_{T+}
	U	P_{UA}	P_{UE}	P_{UB}	P_{UO}	P_{US}	P_{UR}	P_{UC}	P_{UT}	P_{UU}	P_{U+}
总计		P_{+A}	P_{+E}	P_{+B}	P_{+O}	P_{+S}	P_{+R}	P_{+C}	P_{+T}	P_{+U}	

注：A 代表耕地，E 代表生态保护用地，B 代表盐田和养殖场，O 代表未利用水域，S 代表围堤内水域，R 代表河流、湖泊等内陆水域，C 代表工业-港口-城镇建设用地，T 代表旅游用地，U 代表未利用土地。其中，T_1 为初始时刻，T_2 为结束时刻，P_{ij} 为 T_1 至 T_2 时刻由 i 类别转化为 j 类别的面积占原有区域总面积的比值。P_{i+} 和 P_{+j} 分别为第 i 行和第 j 列之和

4.1.3.2　转化率衡量指标

根据土地利用空间转移矩阵定义转化率衡量指标。本书主要研究未利用的土地和海域的开发利用、土地利用类别间的面积变化。

滩涂开发利用率是指原有未利用土地及未利用水域向其他类别转化的面积占原有总面积的比例：

$$滩涂开发利用率 = (P_{O+} - P_{OO} - P_{OU}) + (P_{U+} - P_{UU} - P_{UO}) \qquad (4\text{-}1)$$

式中，右边第一项为未利用水域转出；右边第二项为未利用土地转出。

未利用土地自然淤积率为未利用水域、围堤内水域、内陆水域向未利用土地转化的面积占比：

$$未利用土地自然淤积率 = P_{OU} + P_{SU} + P_{RU} \qquad (4\text{-}2)$$

未利用土地自然冲刷率为未利用土地向内陆水域、未利用水域转化的面积占比：

$$未利用土地自然冲刷率 = P_{UO} + P_{UR} \qquad (4\text{-}3)$$

各个土地利用类别的变化率采用增加率、损失率和净变率衡量。某土地利用模式的增加率是指该土地利用模式在变化过程中其他利用模式转化为该利用模式的面积占总面积的比例，其计算公式为

$$增加率 = P_{+i} - P_{ii}, \ i \in \{A, E, B, S, R, C, T, U\} \qquad (4\text{-}4)$$

某土地利用模式的损失率是指该土地利用模式在变化过程中转化为其他利用模式的面积占总面积的比例，其计算公式为

$$损失率 = P_{i+} - P_{ii}, \ i \in \{A, E, B, S, R, C, T, U\} \qquad (4\text{-}5)$$

某土地利用模式的净变率是指该土地利用模式在变化过程中现有面积与原有面积的差值占总面积的比例，其计算公式为

$$净变率 = |P_{+i} - P_{i+}|, \ i \in \{A, E, B, S, R, C, T, U\} \qquad (4\text{-}6)$$

4.1.3.3　景观多样性和景观破碎度指数

景观格局是自然和人类社会共同作用的结果。本书采用景观多样性和景观破碎度指数反映滩涂资源开发利用对滩涂自然特性的影响。

景观多样性指数是指景观结构的丰富性和复杂程度，其计算公式[90]为

$$H = -\sum_{i=1}^{n}\left(P_i \times \lg P_i\right) \tag{4-7}$$

式中，H 为景观多样性指数；P_i 为第 i 类土地利用类别的面积占比；n 为土地利用类别的数量。H 取值越大，景观的多样性越好。

景观破碎度指数是指景观被分割的程度，滩涂资源开发利用会导致滩涂破碎度增加，因此该指数在一定程度上能反映人类活动的干扰程度。景观破碎度指数的计算公式[90]为

$$C_i = \frac{N_i}{A_i} \tag{4-8}$$

式中，C_i 为第 i 类景观的破碎度指数；N_i 为第 i 类景观的斑块数量；A_i 为第 i 类景观的面积（km²）。

4.2 滩涂利用模式分布及其面积变化趋势

4.2.1 环渤海地区利用模式分布及其面积变化趋势

4.2.1.1 整体分布

各时期环渤海地区滩涂利用模式分布如图 4-13～图 4-16 所示。从空间分布看，沿海地区近 30 年建成区向海扩张，工业区和港口建设发展迅速，围堤内水域面积随港口扩建不断增加，盐田和养殖场面积急剧增加，其中渤海湾附近盐田和养殖场多分布在岸线内，莱州湾和辽东湾盐田和养殖场不断向海扩展。

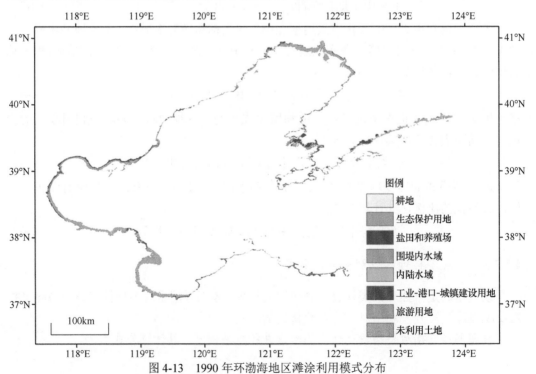

图 4-13 1990 年环渤海地区滩涂利用模式分布

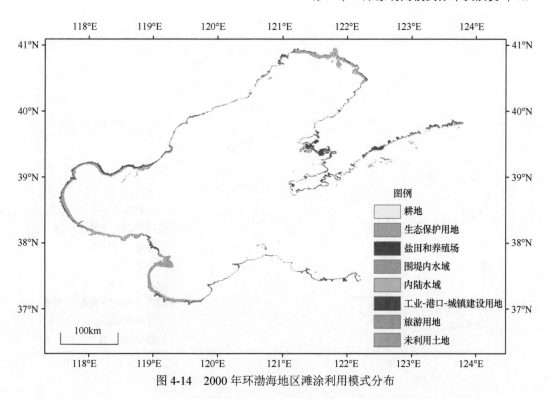

图 4-14　2000 年环渤海地区滩涂利用模式分布

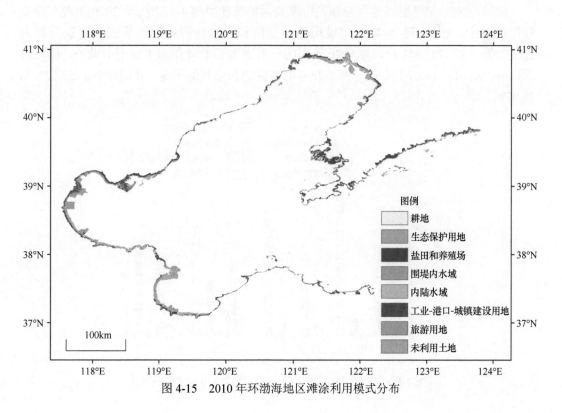

图 4-15　2010 年环渤海地区滩涂利用模式分布

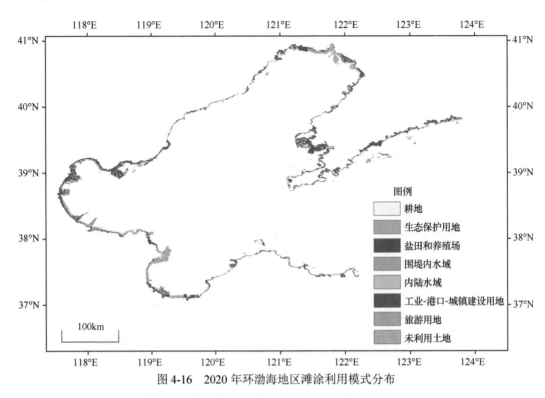

图 4-16 2020 年环渤海地区滩涂利用模式分布

1990～2020 年环渤海地区滩涂利用模式面积统计如图 4-17 所示，2020 年现有滩涂利用模式中，工业-港口-城镇建设用地、盐田和养殖场两种利用模式的面积分别为 2261.73km² 和 1741.38km²，与 1990 年相比分别增加了 3.54 倍和 1.26 倍，此外，围堤内水域面积增加了 14.67 倍。面积减小较多的是耕地和未利用土地，分别减小了 53.62%和 49.97%。

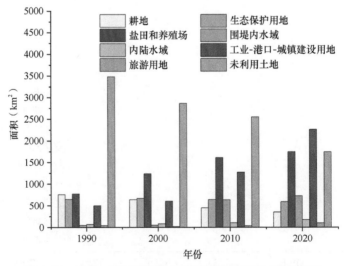

图 4-17 1990～2020 年环渤海地区滩涂利用模式面积统计

　　环渤海地区滩涂利用模式的结构发生了较大变化。未利用土地面积急剧减小，工业-港口-城镇建设用地、盐田和养殖场逐渐成为主导，在 2020 年超过区域内未利用土地面积。采用最小二乘法进行线性拟合，工业-港口-城镇建设用地、盐田和养殖场、围堤内水域面积年均增速分别为 55.61km²/a、33.00km²/a、26.00km²/a，其中围堤内水域主要为沿海港口防波堤内的海域。未利用土地、耕地、生态保护用地的面积呈现减小的趋势，变化最大的是未利用土地，年均增速约为–55.34km²/a。未利用水域面积年均减小约52.57km²/a。

4.2.1.2　各子区域分布

　　1990～2020 年环渤海地区滩涂利用模式分布如图 4-18～图 4-69 所示。

1. 大连市

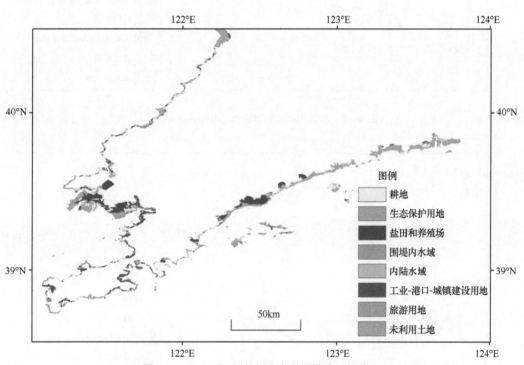

图 4-18　1990 年大连市滩涂利用模式现状分布

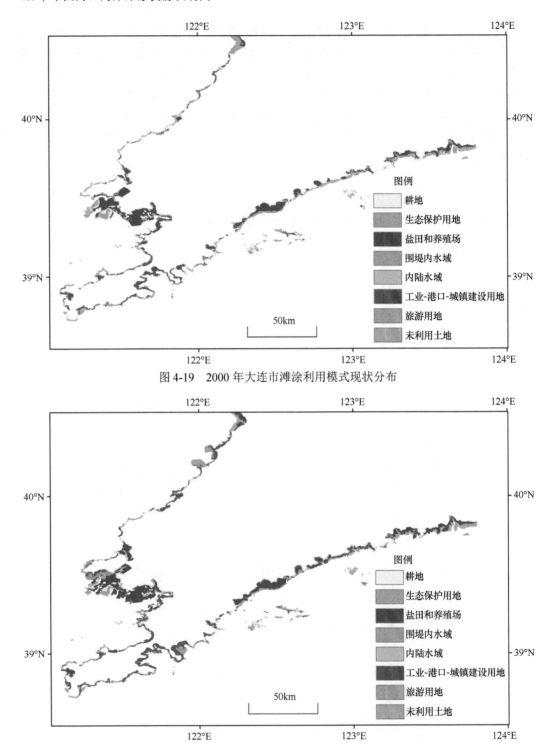

图 4-19 2000 年大连市滩涂利用模式现状分布

图 4-20 2010 年大连市滩涂利用模式现状分布

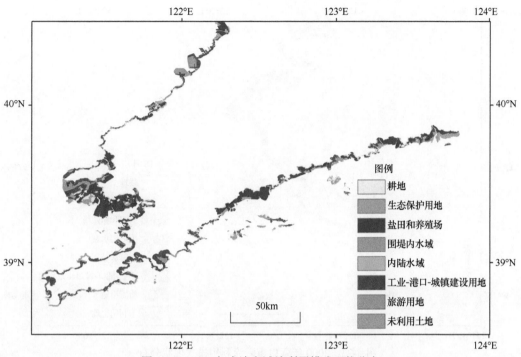

图 4-21 2020 年大连市滩涂利用模式现状分布

2. 营口市

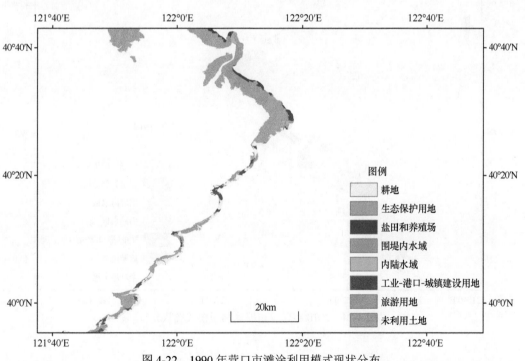

图 4-22 1990 年营口市滩涂利用模式现状分布

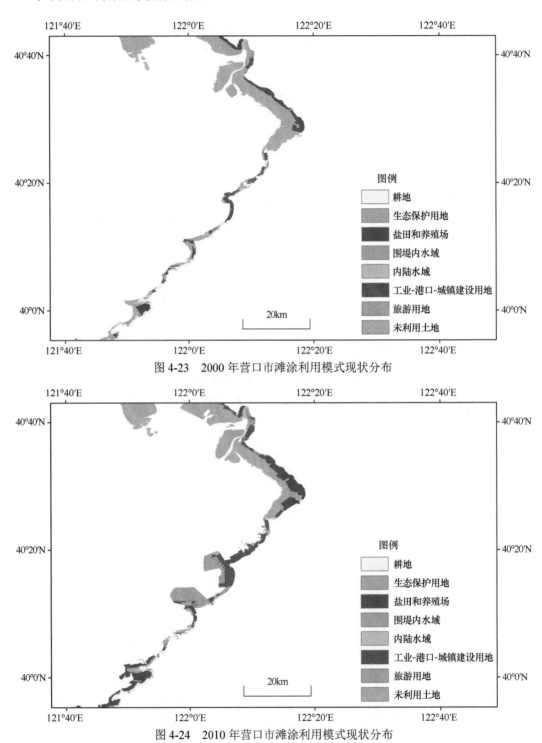

图 4-23　2000 年营口市滩涂利用模式现状分布

图 4-24　2010 年营口市滩涂利用模式现状分布

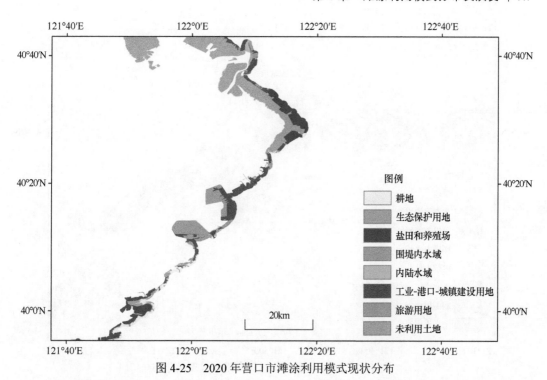

图 4-25 2020 年营口市滩涂利用模式现状分布

3. 盘锦市

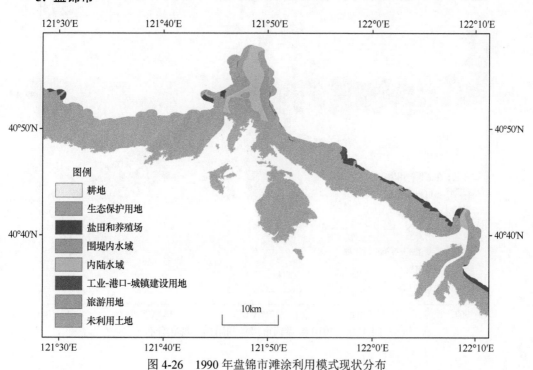

图 4-26 1990 年盘锦市滩涂利用模式现状分布

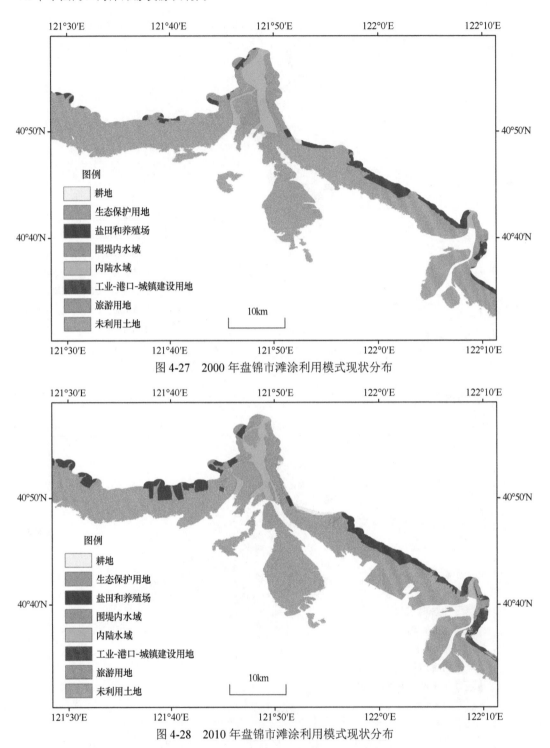

图 4-27　2000 年盘锦市滩涂利用模式现状分布

图 4-28　2010 年盘锦市滩涂利用模式现状分布

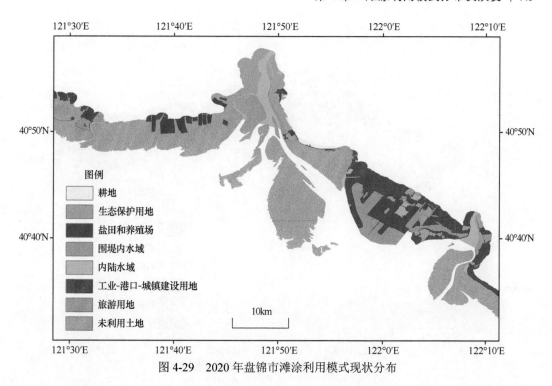

图 4-29 2020 年盘锦市滩涂利用模式现状分布

4. 锦州市

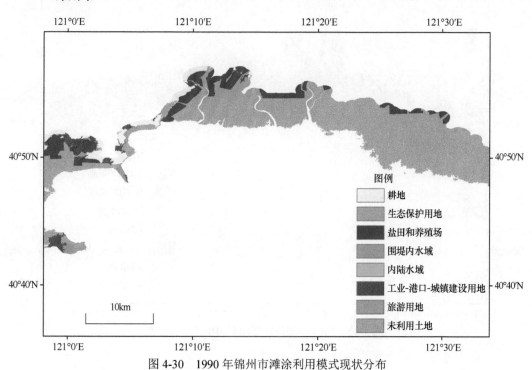

图 4-30 1990 年锦州市滩涂利用模式现状分布

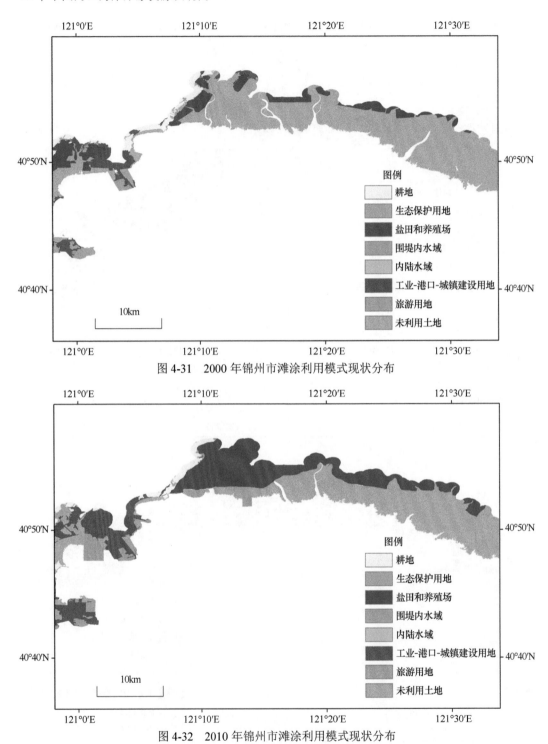

图 4-31　2000 年锦州市滩涂利用模式现状分布

图 4-32　2010 年锦州市滩涂利用模式现状分布

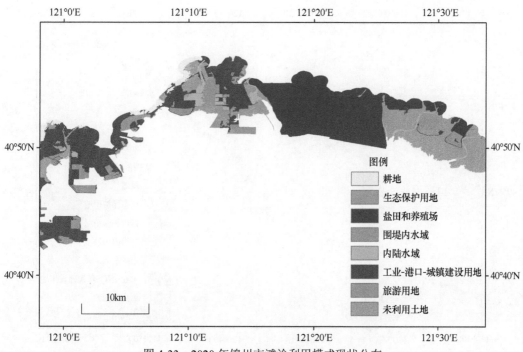

图 4-33 2020 年锦州市滩涂利用模式现状分布

5. 葫芦岛市

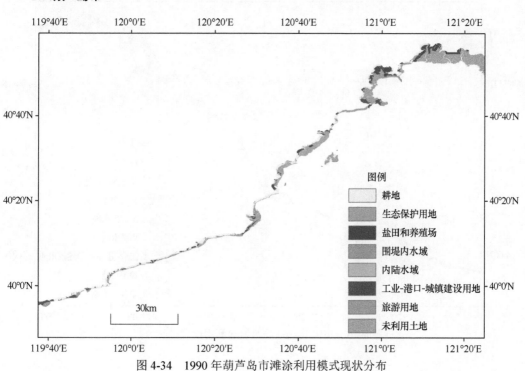

图 4-34 1990 年葫芦岛市滩涂利用模式现状分布

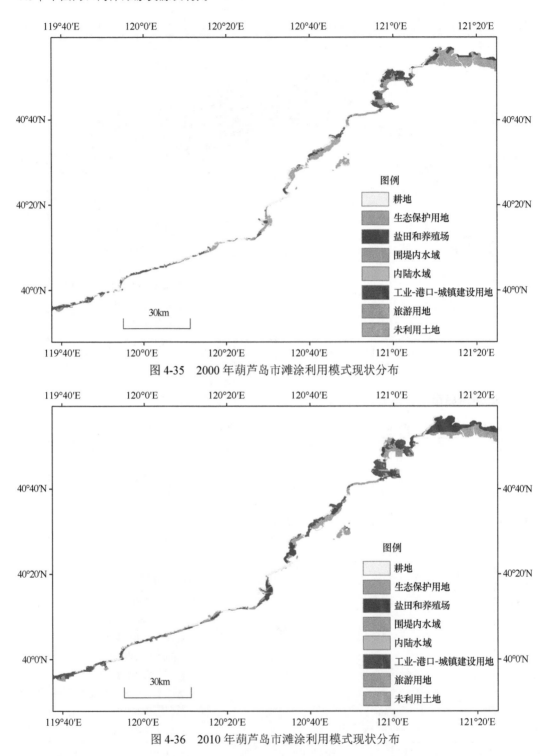

图 4-35　2000 年葫芦岛市滩涂利用模式现状分布

图 4-36　2010 年葫芦岛市滩涂利用模式现状分布

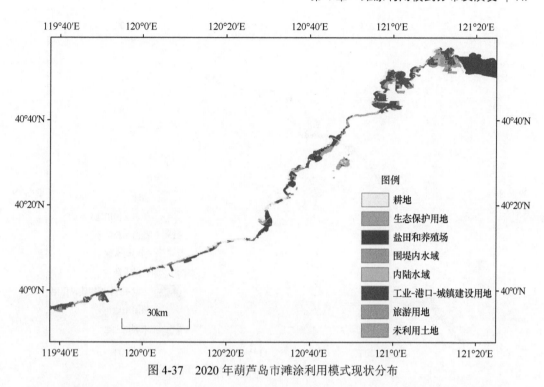

图 4-37　2020 年葫芦岛市滩涂利用模式现状分布

6. 秦皇岛市

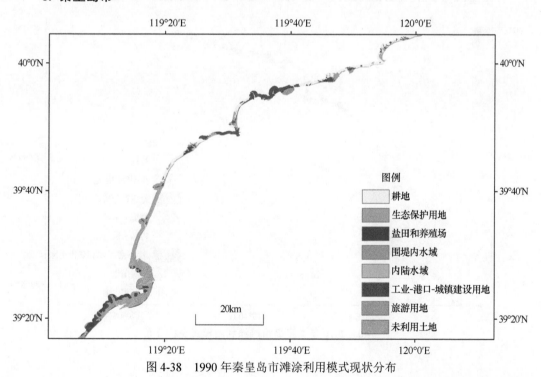

图 4-38　1990 年秦皇岛市滩涂利用模式现状分布

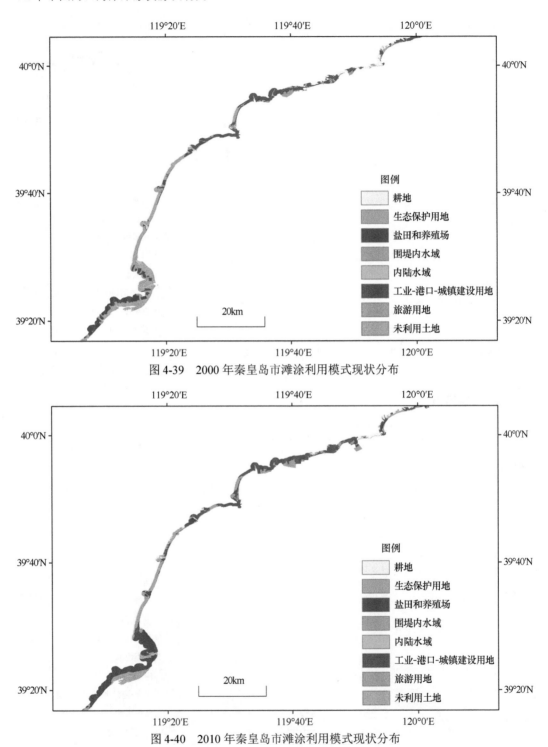

图 4-39 2000 年秦皇岛市滩涂利用模式现状分布

图 4-40 2010 年秦皇岛市滩涂利用模式现状分布

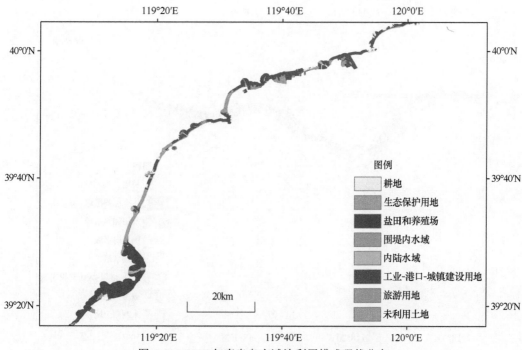

图 4-41　2020 年秦皇岛市滩涂利用模式现状分布

7. 唐山市

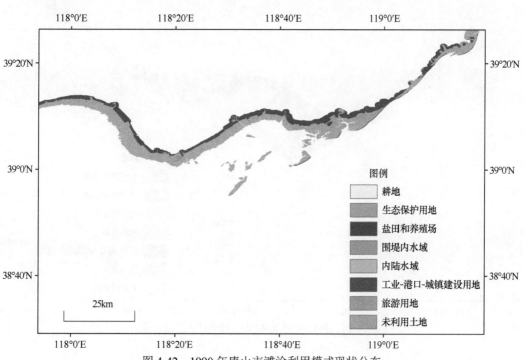

图 4-42　1990 年唐山市滩涂利用模式现状分布

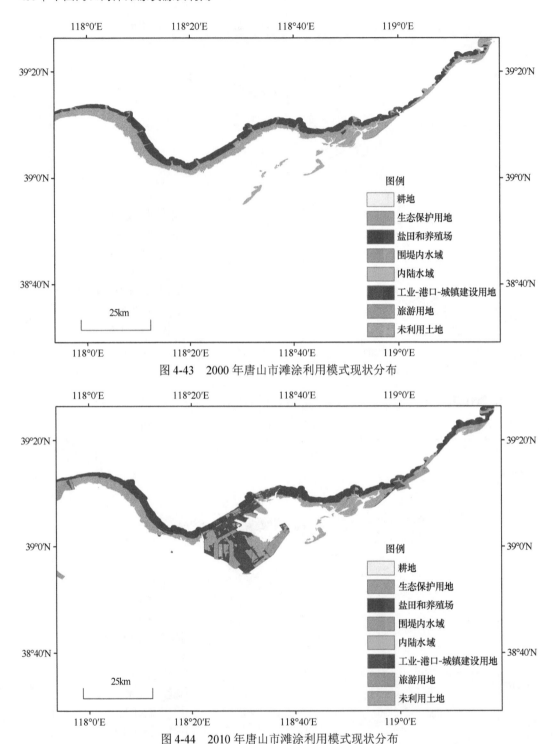

图 4-43　2000 年唐山市滩涂利用模式现状分布

图 4-44　2010 年唐山市滩涂利用模式现状分布

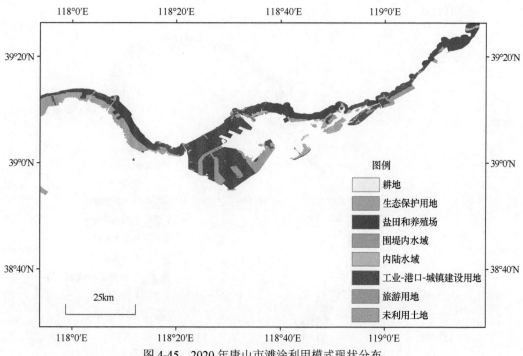

图 4-45 2020 年唐山市滩涂利用模式现状分布

8. 天津市滨海新区

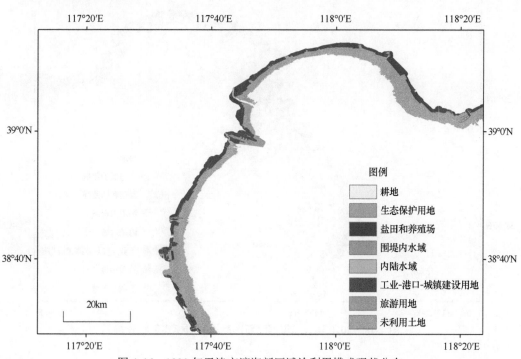

图 4-46 1990 年天津市滨海新区滩涂利用模式现状分布

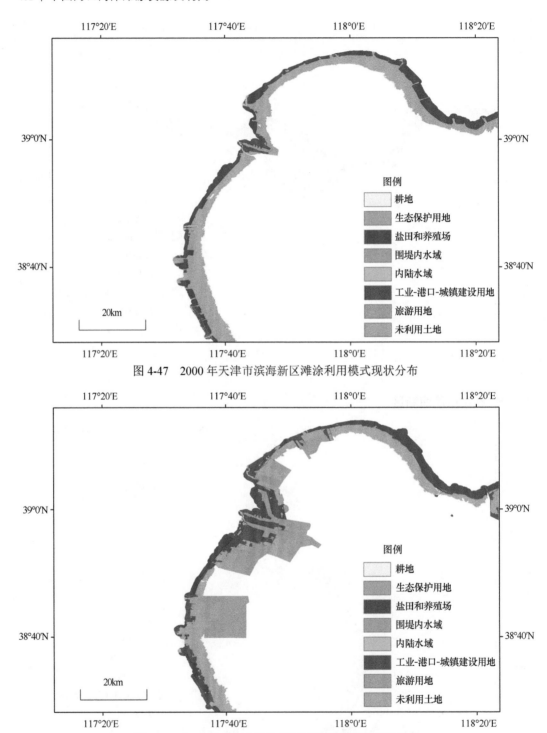

图 4-47　2000 年天津市滨海新区滩涂利用模式现状分布

图 4-48　2010 年天津市滨海新区滩涂利用模式现状分布

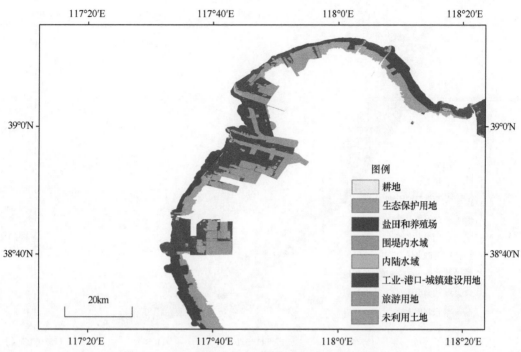

图 4-49 2020 年天津市滨海新区滩涂利用模式现状分布

9. 沧州市

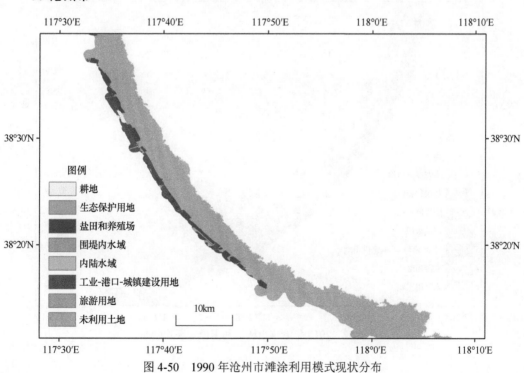

图 4-50 1990 年沧州市滩涂利用模式现状分布

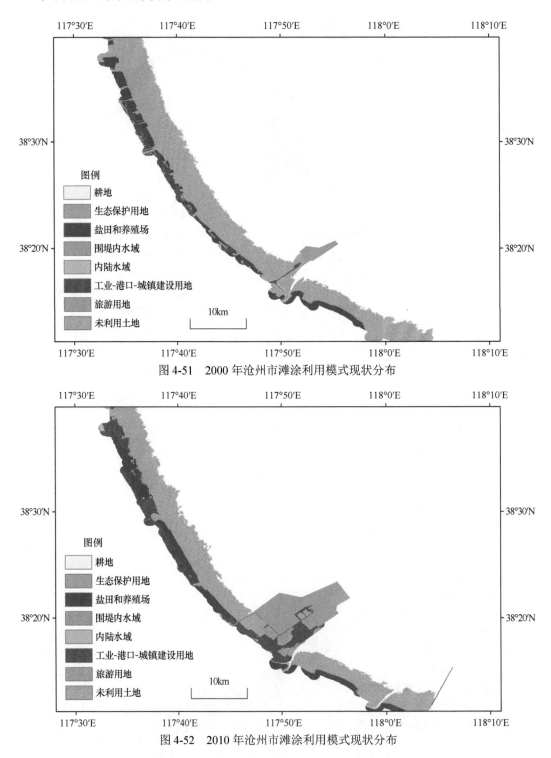

图 4-51　2000 年沧州市滩涂利用模式现状分布

图 4-52　2010 年沧州市滩涂利用模式现状分布

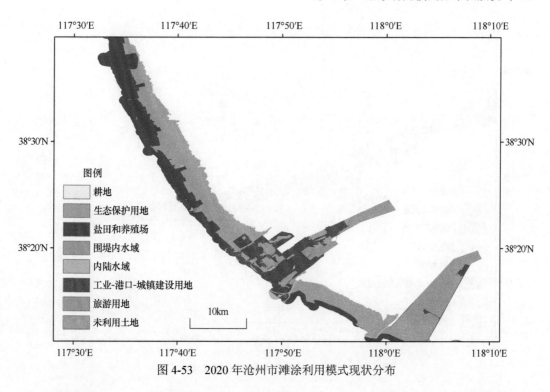

图 4-53 2020 年沧州市滩涂利用模式现状分布

10. 滨州市

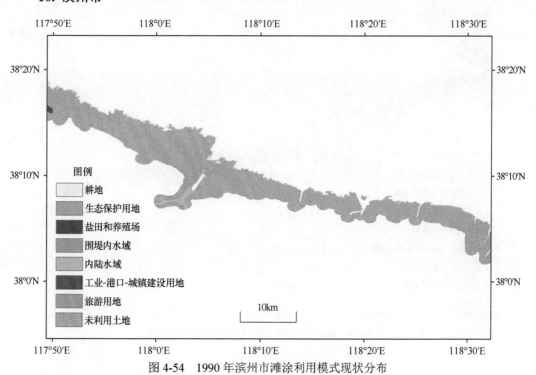

图 4-54 1990 年滨州市滩涂利用模式现状分布

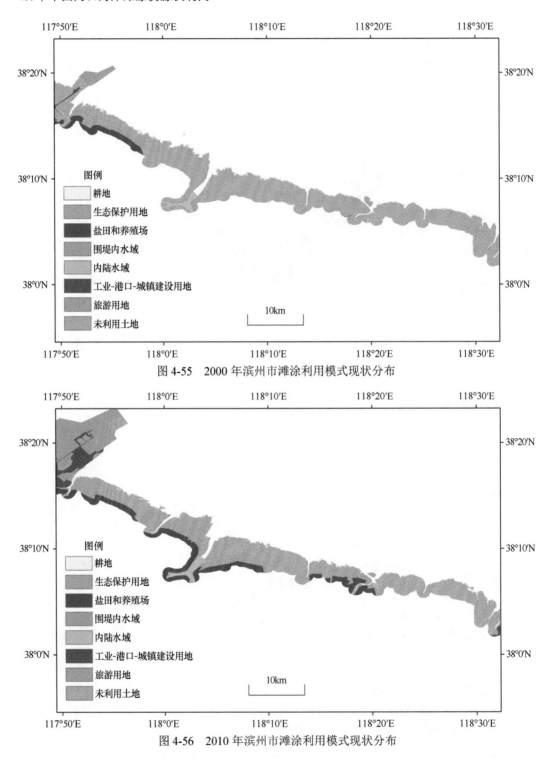

图 4-55　2000 年滨州市滩涂利用模式现状分布

图 4-56　2010 年滨州市滩涂利用模式现状分布

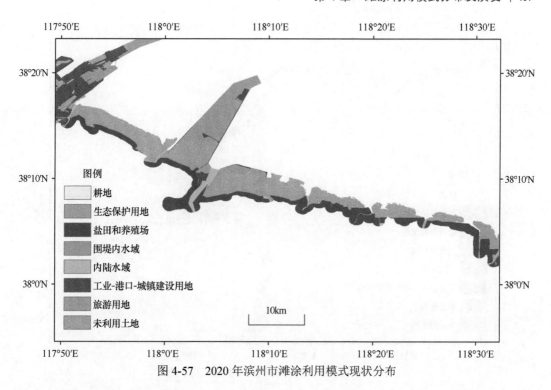

图 4-57　2020 年滨州市滩涂利用模式现状分布

11. 东营市

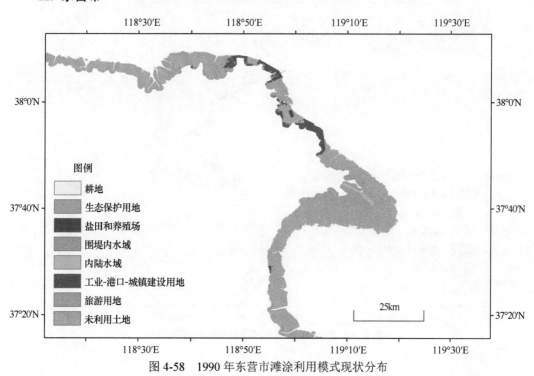

图 4-58　1990 年东营市滩涂利用模式现状分布

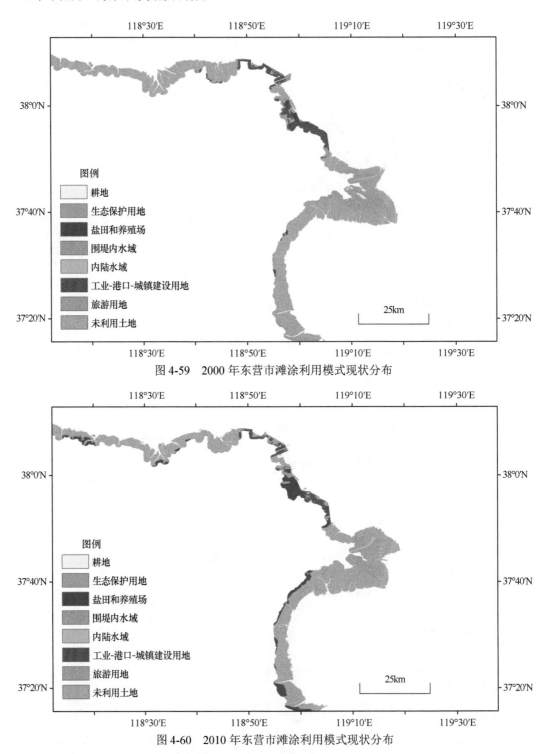

图 4-59　2000 年东营市滩涂利用模式现状分布

图 4-60　2010 年东营市滩涂利用模式现状分布

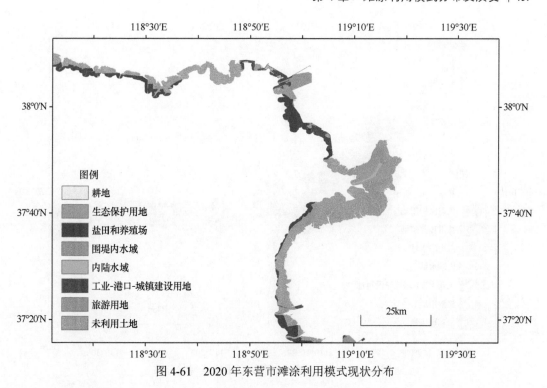

图 4-61　2020 年东营市滩涂利用模式现状分布

12. 潍坊市

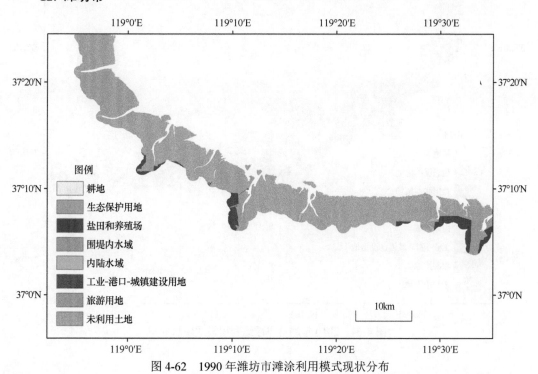

图 4-62　1990 年潍坊市滩涂利用模式现状分布

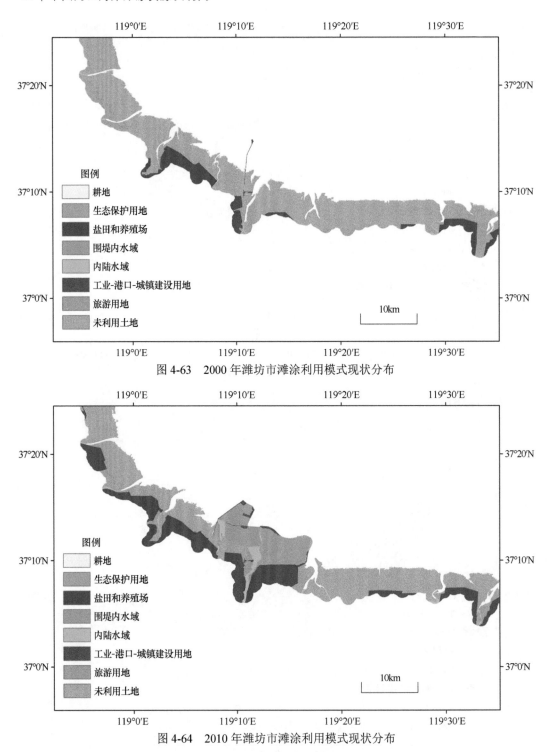

图 4-63 2000 年潍坊市滩涂利用模式现状分布

图 4-64 2010 年潍坊市滩涂利用模式现状分布

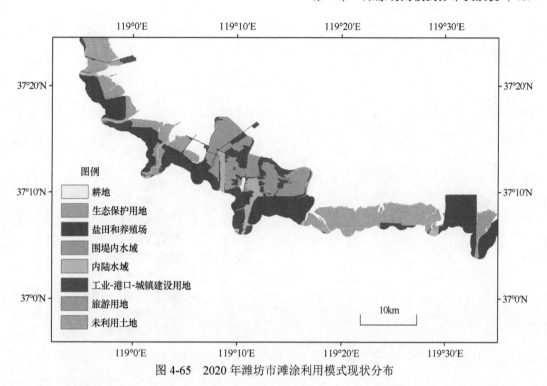

图 4-65　2020 年潍坊市滩涂利用模式现状分布

13. 烟台市

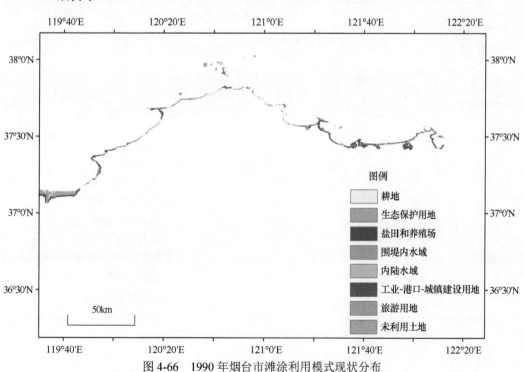

图 4-66　1990 年烟台市滩涂利用模式现状分布

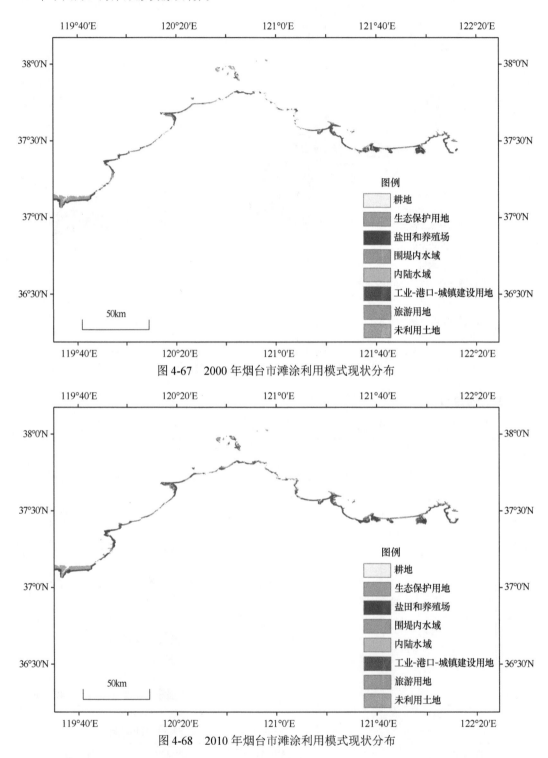

图 4-67　2000 年烟台市滩涂利用模式现状分布

图 4-68　2010 年烟台市滩涂利用模式现状分布

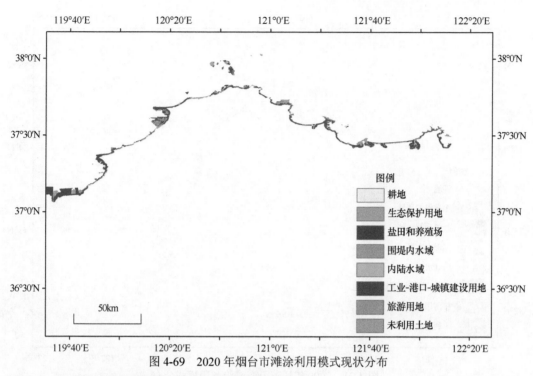

图 4-69　2020 年烟台市滩涂利用模式现状分布

4.2.2　江苏沿海利用模式分布及其面积变化趋势

4.2.2.1　整体分布

各时期江苏沿海滩涂利用模式分布如图 4-70～图 4-73 所示。从空间分布看，江苏

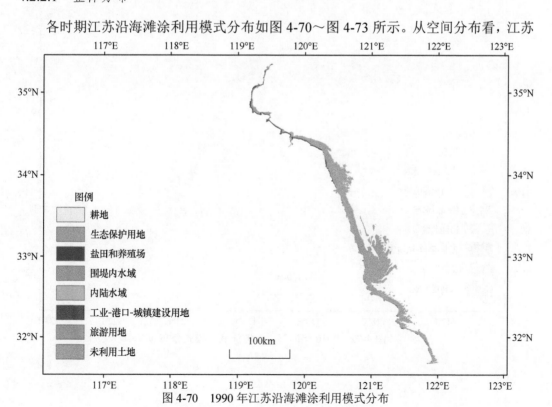

图 4-70　1990 年江苏沿海滩涂利用模式分布

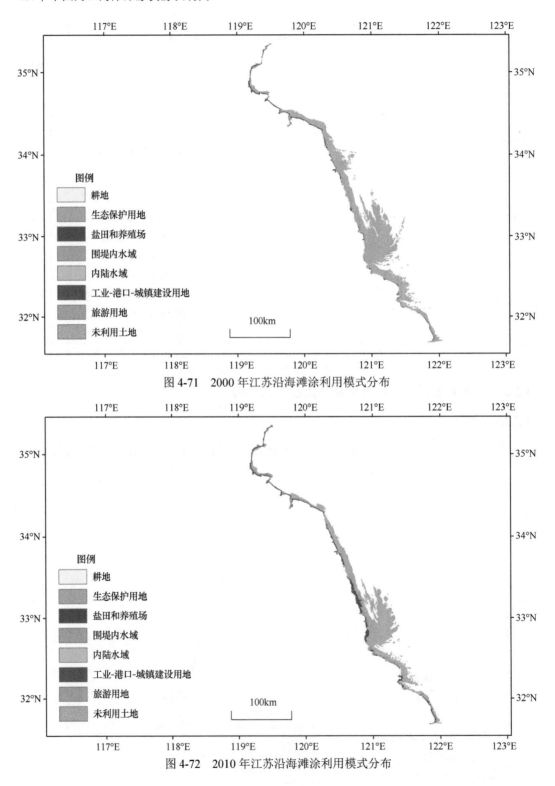

图 4-71 2000 年江苏沿海滩涂利用模式分布

图 4-72 2010 年江苏沿海滩涂利用模式分布

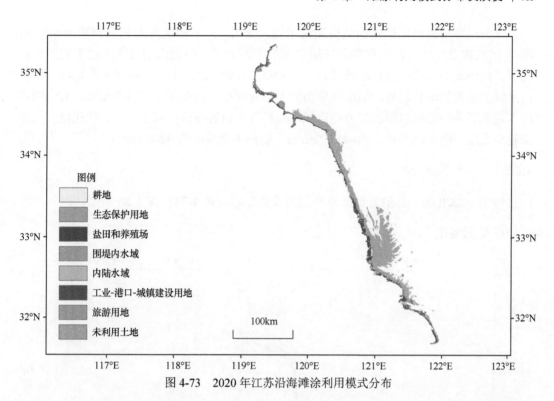

图 4-73　2020 年江苏沿海滩涂利用模式分布

沿海近 30 年建成区向海扩张，工业区和港口建设发展迅速，围堤内水域面积随港口扩建不断增加，盐田和养殖场面积急剧增加。

1990～2020 年江苏沿海滩涂利用模式面积统计如图 4-74 所示，现有滩涂利用模式中，工业-港口-城镇建设用地、盐田和养殖场两种利用模式的面积分别为 465.182 km² 和 541.243km²，与 1990 年相比分别增加了 6.95 倍和 1.47 倍，此外，围堤内水域面积增加了 10.64 倍。面积减小较多的是未利用土地，减小了 24.28%。

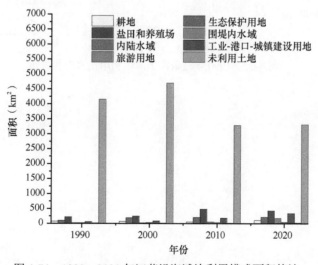

图 4-74　1990～2020 年江苏沿海滩涂利用模式面积统计

　　江苏沿海滩涂利用模式的结构发生了较大变化。未利用土地面积急剧减小，工业-港口-城镇建设用地、盐田和养殖场用地逐渐成为主导，但仍未超过区域内未利用土地面积。采用最小二乘法进行线性拟合，工业-港口-城镇建设用地、盐田和养殖场、围堤内水域的面积呈增长趋势，年增速分别为 13.55km²/a、6.49km²/a、0.83km²/a，其中围堤内水域主要为沿海港口防波堤内的海域。未利用土地的面积呈减小趋势，变化最大的是未利用土地，面积年均减小约−41.02km²/a，面积年均减小约 0.846km²/a。

4.2.2.2　各子区域分布

　　1990～2020 年江苏沿海地区滩涂利用模式分布如图 4-75～图 4-86 所示。

1. 连云港市

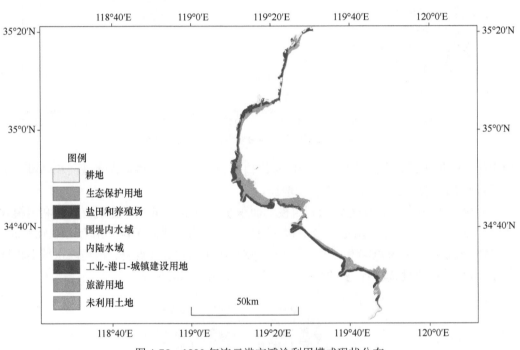

图 4-75　1990 年连云港市滩涂利用模式现状分布

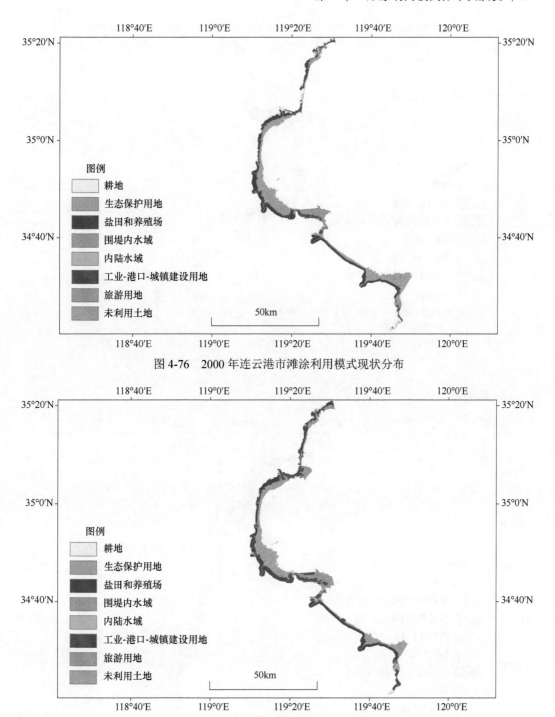

图 4-76　2000 年连云港市滩涂利用模式现状分布

图 4-77　2010 年连云港市滩涂利用模式现状分布

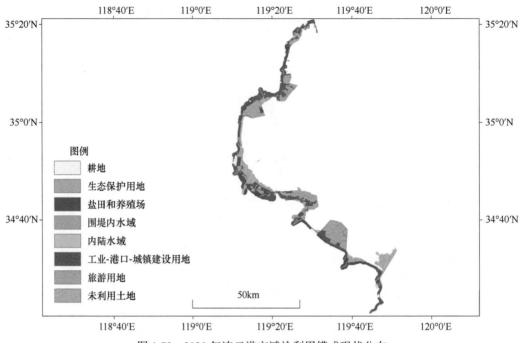

图 4-78　2020 年连云港市滩涂利用模式现状分布

2. 盐城市

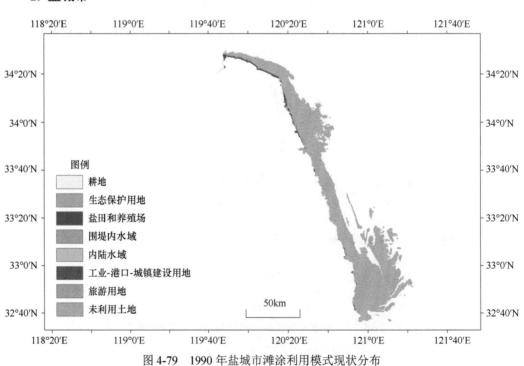

图 4-79　1990 年盐城市滩涂利用模式现状分布

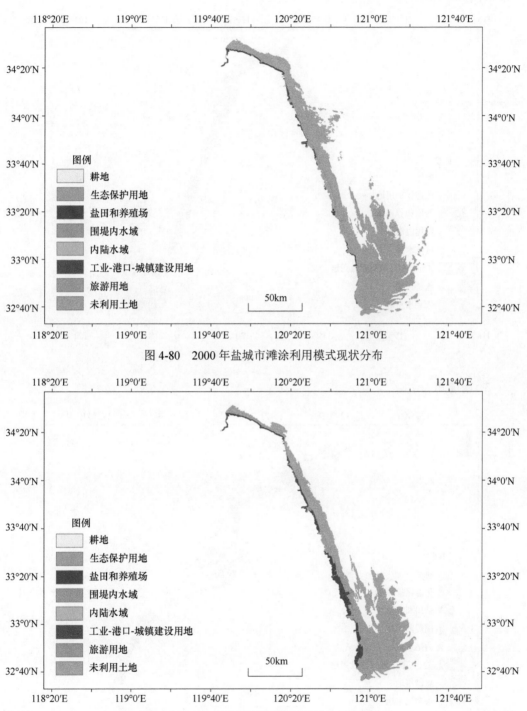

图 4-80　2000 年盐城市滩涂利用模式现状分布

图 4-81　2010 年盐城市滩涂利用模式现状分布

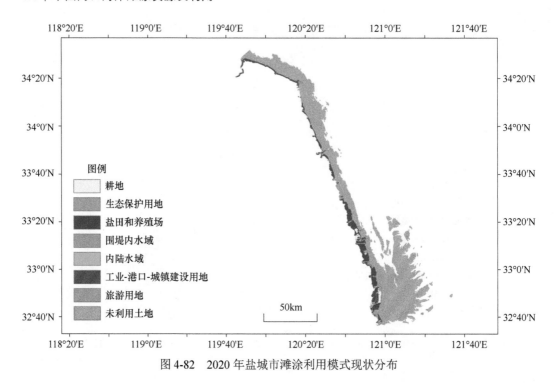

图 4-82 2020 年盐城市滩涂利用模式现状分布

3. 南通市

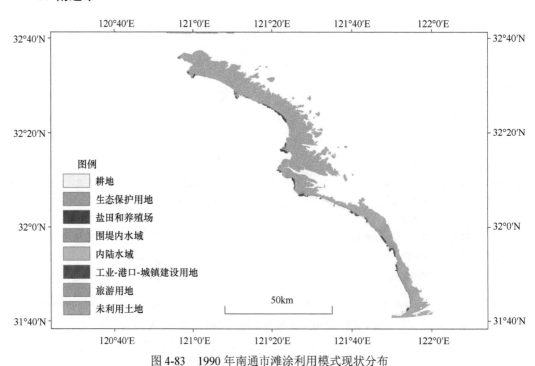

图 4-83 1990 年南通市滩涂利用模式现状分布

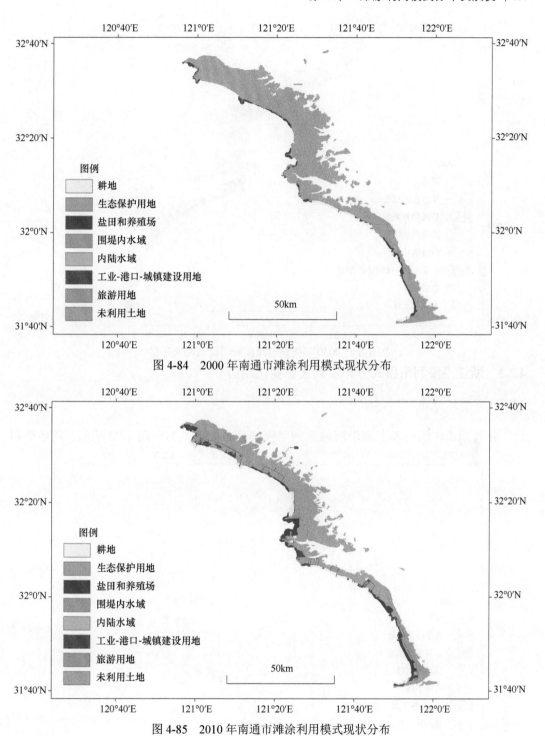

图 4-84　2000 年南通市滩涂利用模式现状分布

图 4-85　2010 年南通市滩涂利用模式现状分布

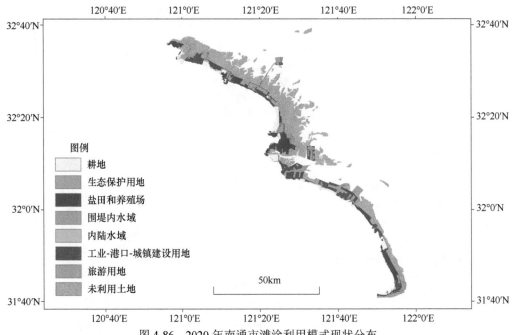

图 4-86 2020 年南通市滩涂利用模式现状分布

4.2.3 浙江沿海利用模式分布及其面积变化趋势①

4.2.3.1 整体分布

各时期浙江沿海及上海沿海滩涂利用模式分布如图 4-87～图 4-90 所示。从各个利

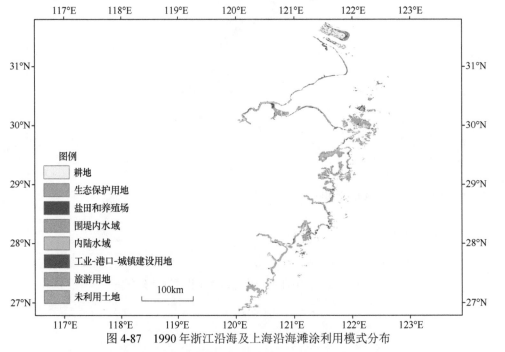

图 4-87 1990 年浙江沿海及上海沿海滩涂利用模式分布

①在统计浙江沿海滩涂利用模式时，也统计了上海沿海滩涂利用模式，在此部分列出。

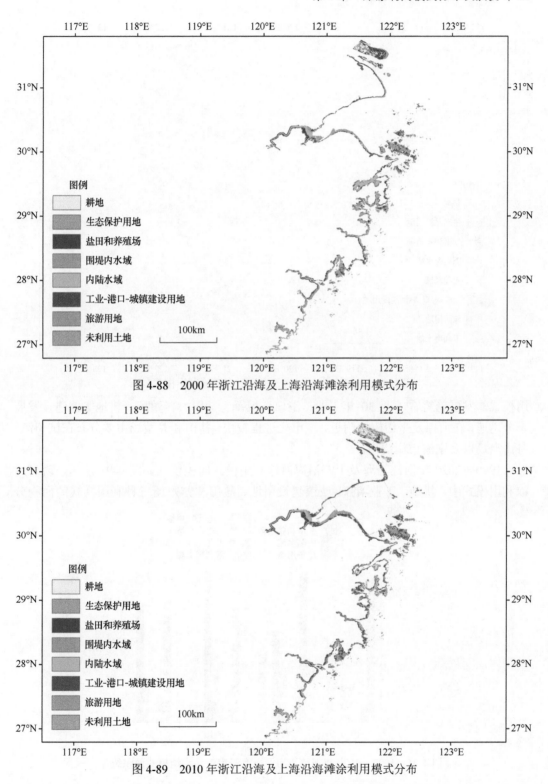

图 4-88　2000 年浙江沿海及上海沿海滩涂利用模式分布

图 4-89　2010 年浙江沿海及上海沿海滩涂利用模式分布

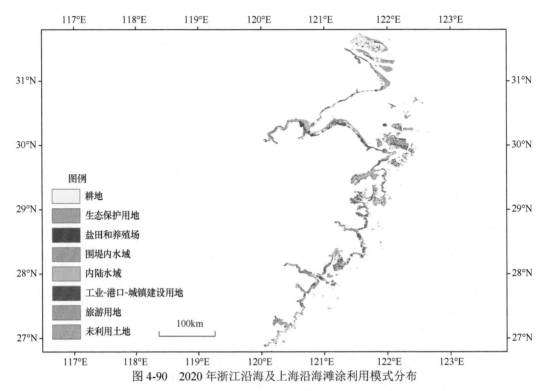

图 4-90 2020 年浙江沿海及上海沿海滩涂利用模式分布

用模式的发展趋势看，近 30 年工业、港口、城镇、盐田、养殖场、耕地等的建设发展十分迅速，在河口及平缓岸线附近，城市化进程较快，盐田和养殖场主要分布在杭州湾、舟山渔场以及宁波市岸线内。

1990～2020 年浙江沿海及上海沿海滩涂利用模式面积统计如图 4-91 所示，现有滩涂利用模式中，耕地、工业-港口-城镇建设用地、盐田和养殖场三种利用模式的面积分

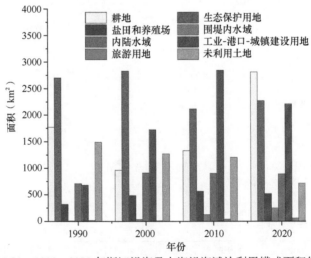

图 4-91 1990～2020 年浙江沿海及上海沿海滩涂利用模式面积统计

别为 2827.66km²、2216.70km² 和 519.68km²，较 1990 年相比，分别扩大为原面积的 1.59 倍、3.25 倍和 1.62 倍，围堤内水域面积从 1990 年的 7.98km²，扩大到 2020 年的 250.83km²。与此同时，未利用土地面积大幅度减小，减小了 51.98%，生态保护用地面积也有所减小，减小了 15.96%。

从浙江沿海及上海沿海滩涂利用模式的结构上看，未利用土地面积急剧减小，耕地、工业-港口-城镇建设用地、盐田和养殖场逐渐成为主导。采用最小二乘法进行线性拟合，耕地、工业-港口-城镇建设用地面积呈较大幅度增长，年增速分别达到 35.26km²/a、57.32km²/a，盐田和养殖场、围堤内水域、内陆水域和旅游用地面积也在缓慢增长中，年增速分别为 6.772km²/a、8.192km²/a 和 0.942km²/a。生态保护用地与未利用土地面积呈现显著的下降趋势，年均面积减小速率分别为 20.08km²/a 与 23.90km²/a。

4.2.3.2　各子区域分布

1990～2020 年浙江沿海及上海沿海滩涂利用模式分布如图 4-92～图 4-119 所示。

1. 上海市

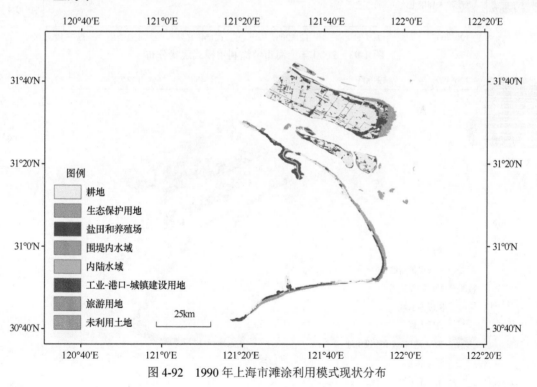

图 4-92　1990 年上海市滩涂利用模式现状分布

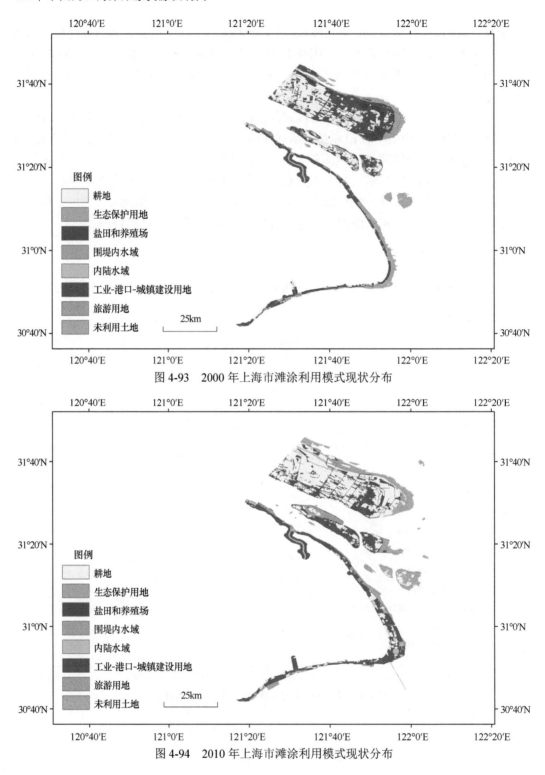

图 4-93 2000 年上海市滩涂利用模式现状分布

图 4-94 2010 年上海市滩涂利用模式现状分布

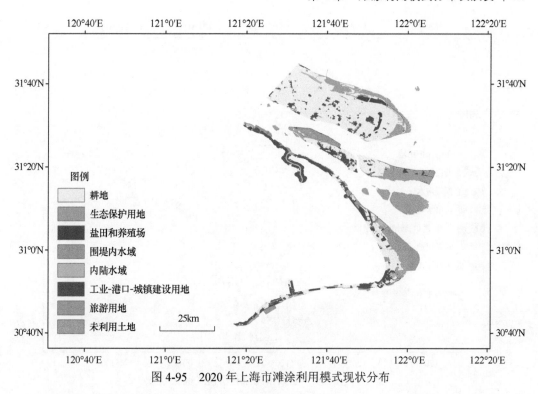

图 4-95　2020 年上海市滩涂利用模式现状分布

2. 嘉兴市

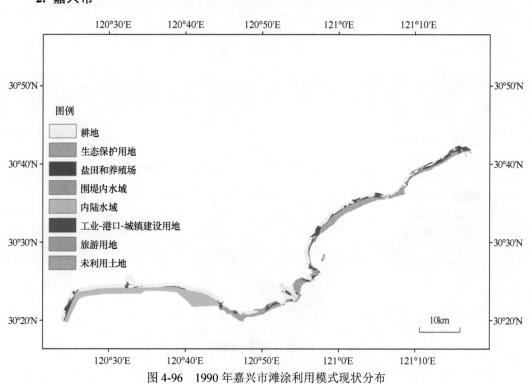

图 4-96　1990 年嘉兴市滩涂利用模式现状分布

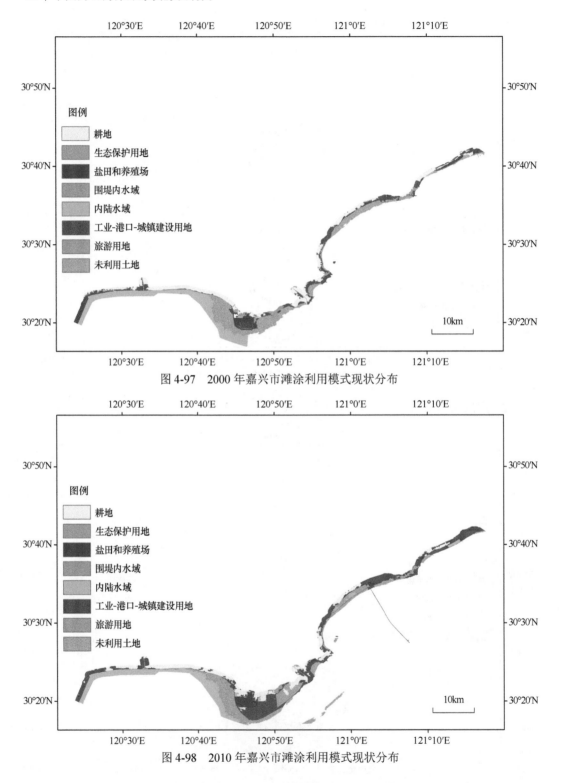

图 4-97　2000 年嘉兴市滩涂利用模式现状分布

图 4-98　2010 年嘉兴市滩涂利用模式现状分布

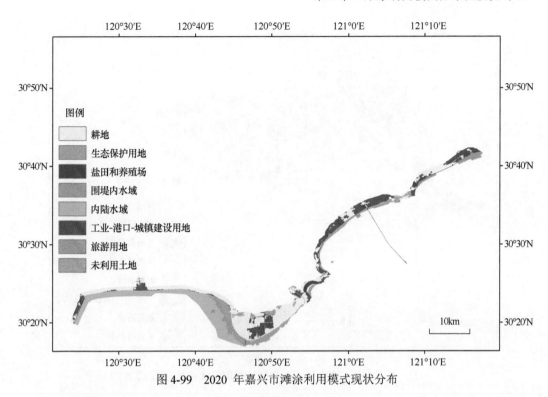

图 4-99　2020 年嘉兴市滩涂利用模式现状分布

3. 绍兴市

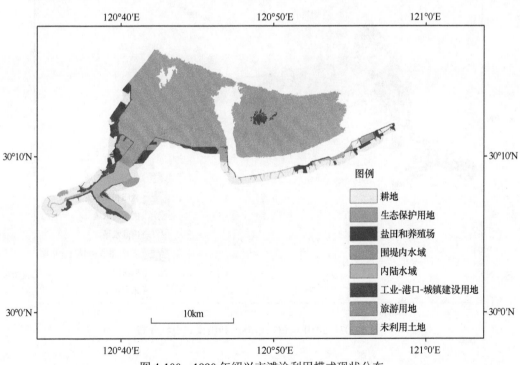

图 4-100　1990 年绍兴市滩涂利用模式现状分布

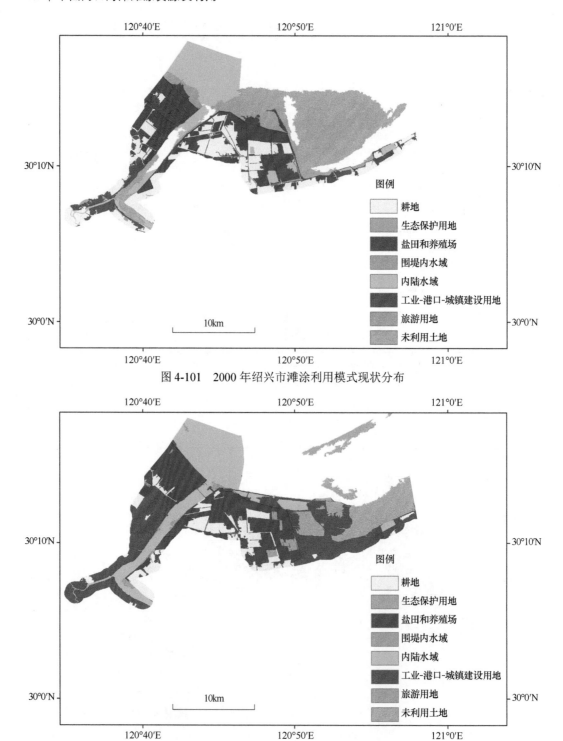

图 4-101　2000 年绍兴市滩涂利用模式现状分布

图 4-102　2010 年绍兴市滩涂利用模式现状分布

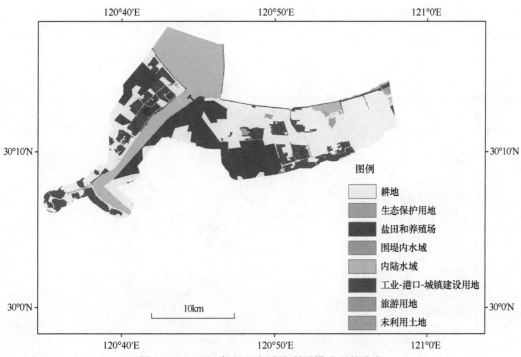

图 4-103　2020 年绍兴市滩涂利用模式现状分布

4. 宁波市

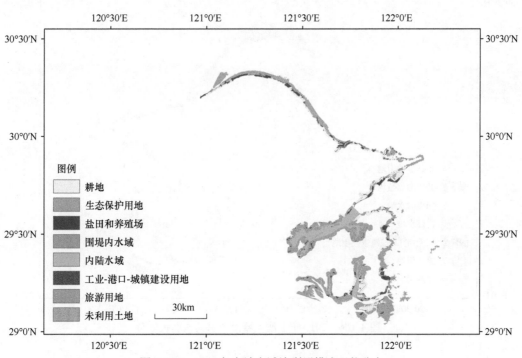

图 4-104　1990 年宁波市滩涂利用模式现状分布

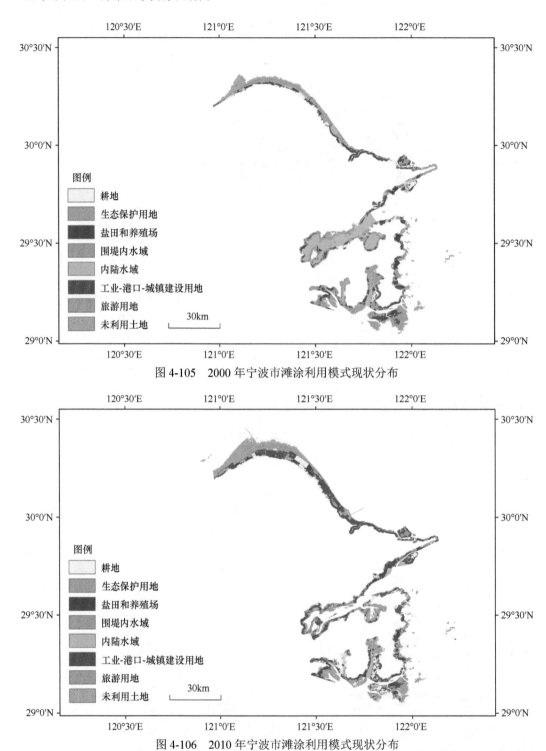

图 4-105　2000 年宁波市滩涂利用模式现状分布

图 4-106　2010 年宁波市滩涂利用模式现状分布

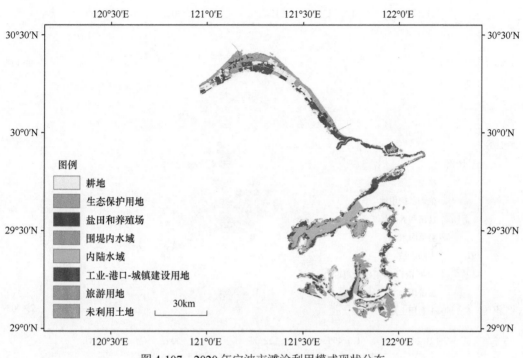

图 4-107　2020 年宁波市滩涂利用模式现状分布

5. 舟山市

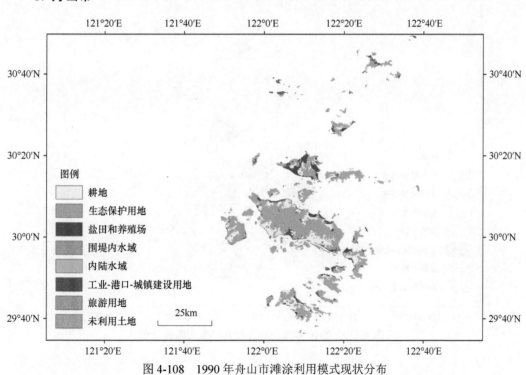

图 4-108　1990 年舟山市滩涂利用模式现状分布

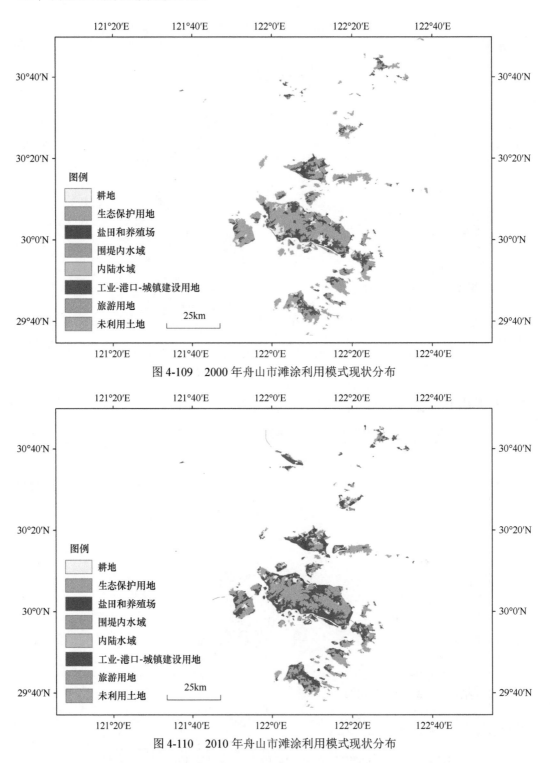

图 4-109　2000 年舟山市滩涂利用模式现状分布

图 4-110　2010 年舟山市滩涂利用模式现状分布

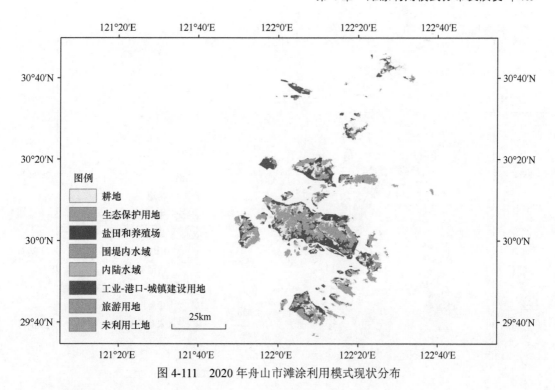

图 4-111　2020 年舟山市滩涂利用模式现状分布

6. 台州市

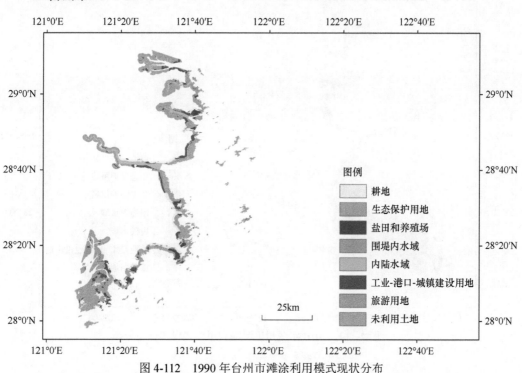

图 4-112　1990 年台州市滩涂利用模式现状分布

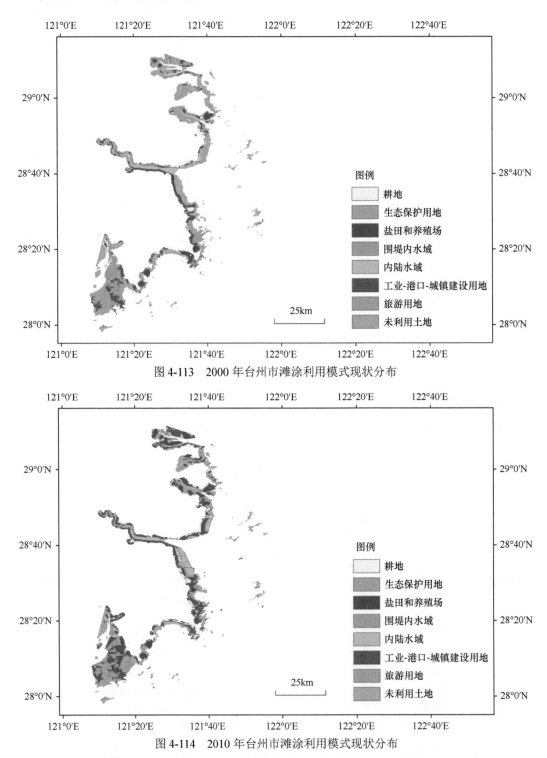

图 4-113　2000 年台州市滩涂利用模式现状分布

图 4-114　2010 年台州市滩涂利用模式现状分布

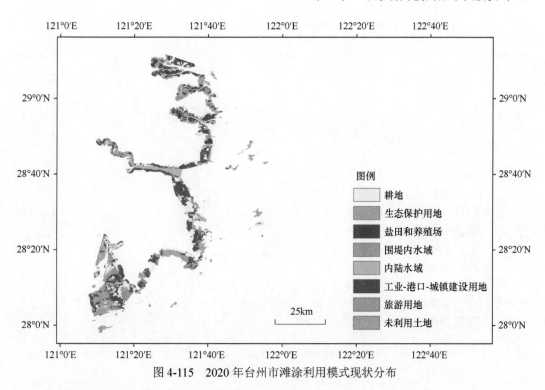

图 4-115　2020 年台州市滩涂利用模式现状分布

7. 温州市

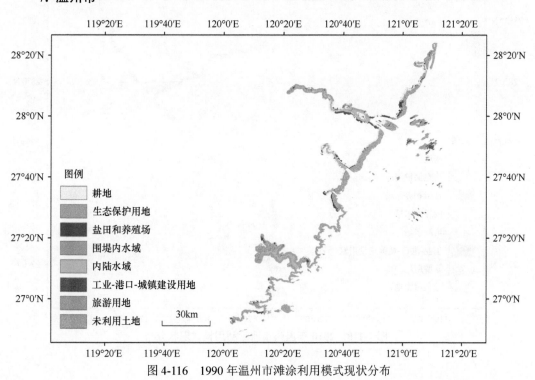

图 4-116　1990 年温州市滩涂利用模式现状分布

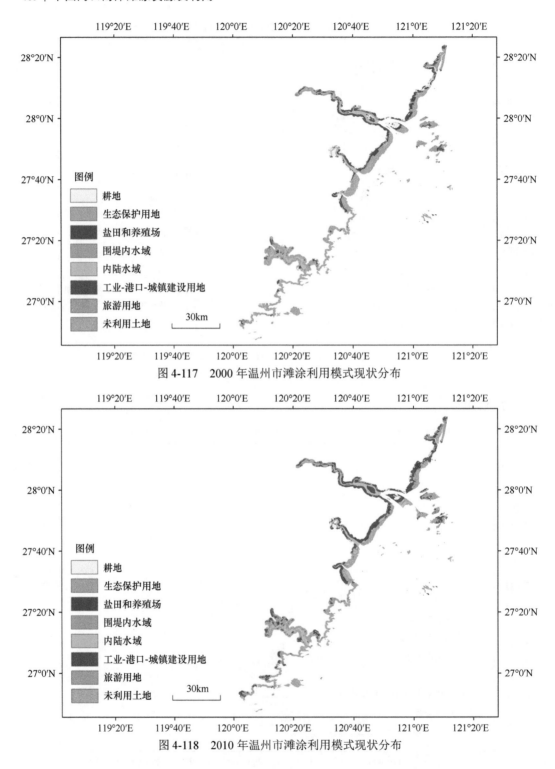

图 4-117 2000 年温州市滩涂利用模式现状分布

图 4-118 2010 年温州市滩涂利用模式现状分布

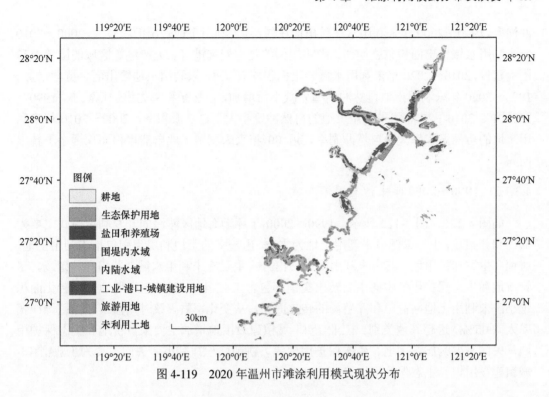

图 4-119　2020 年温州市滩涂利用模式现状分布

4.3　滩涂利用模式演变特征

4.3.1　环渤海地区利用模式演变特征

4.3.1.1　滩涂开发利用与自然冲淤强度对比

如图 4-120 所示，1990~2020 年环渤海地区滩涂利用率整体上大于未利用土地自然

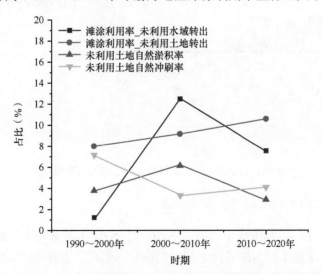

图 4-120　1990~2020 年环渤海地区滩涂利用率及未利用土地自然冲淤率变化

冲淤率。1990～2000 年未利用水域转出面积较小,未利用土地转出面积较大,2000～2010 年未利用水域转出面积急剧增加,影响较大的是曹妃甸港区、天津港等区域的围填海和围堤建设,2010～2020 年未利用水域转出面积略有减小,未利用土地转出面积持续增加。1990～2020 年未利用土地自然冲刷率先减小后增加,自然淤积率先增加后减小,1990～2000 年、2010～2020 年未利用土地的自然冲刷率大于自然淤积率,2000～2010 年未利用土地的自然淤积率大于自然冲刷率,近 30 年来未利用土地自然累积面积远小于转出面积。

4.3.1.2 1990～2000 年土地利用演变特征

如图 4-121、图 4-122 所示,1990～2000 年环渤海地区滩涂的开发利用模式主要为盐田和养殖场,土地来源以未利用土地为主。转出较多的土地利用类别包括未利用土地、耕地和生态保护用地,其中未利用土地转出方式主要有未利用水域、盐田和养殖场,尽管耕地和生态保护用地中的主要转出类别都包含工业-港口-城镇建设用地,但转化面积远小于未利用土地向盐田和养殖场的转化面积。从变化率看,该时期盐田和养殖场净变率为 7.05%,远超其他类别。工业-港口-城镇建设用地增加主要来自耕地和生态保护用地,去向主要为旅游用地、生态保护用地等。耕地面积净减小,去向主要为工业-港口-城镇建设用地、生态保护用地等。

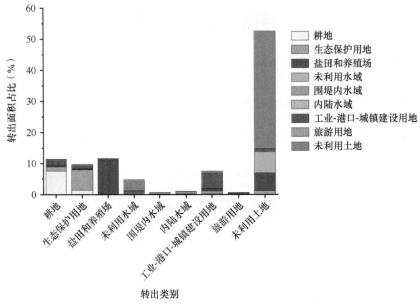

图 4-121　1990～2000 年环渤海地区滩涂利用模式转移

4.3.1.3 2000～2010 年土地利用演变特征

如图 4-123、图 4-124 所示,2000～2010 年环渤海地区未利用土地和未利用水域等滩涂的开发利用模式主要为围堤内水域、盐田和养殖场、工业-港口-城镇建设用地三种类别,其中工业-港口-城镇建设用地来源多样,面积增加迅速。从转出类别看,转出较多

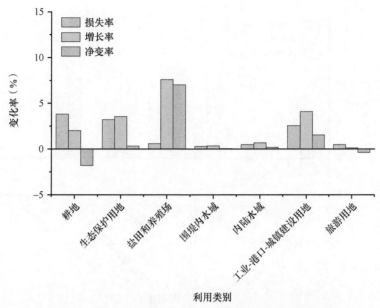

图 4-122　1990～2000 年环渤海地区各类滩涂利用模式变化率

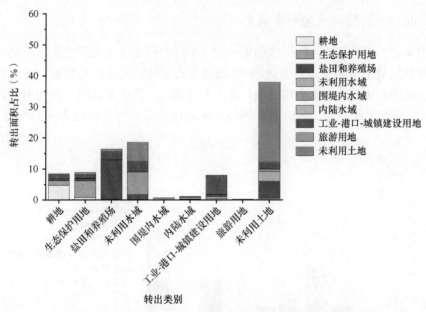

图 4-123　2000～2010 年环渤海地区滩涂利用模式转移

的土地利用类别包括未利用土地和未利用水域，其中未利用土地转出方式主要有盐田和养殖场、未利用水域和工业-港口-城镇建设用地，未利用水域的主要转出方式为围堤内水域、工业-港口-城镇建设用地、盐田和养殖场。从变化率看，该时期的工业-港口-城镇建设用地、围堤内水域、盐田和养殖场净变率分别为 8.88%、7.68% 和 4.97%。该时期耕地、生态保护用地、盐田和养殖场均有部分土地转向工业-港口-城镇建设用地，城镇建设用地来源丰富。

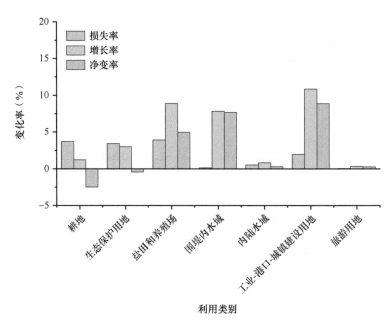

图 4-124　2000～2010 年环渤海地区各类滩涂利用模式变化率

4.3.1.4　2010～2020 年土地利用演变特征

如图 4-125、图 4-126 所示，2010～2020 年环渤海地区未利用土地和未利用水域等滩涂开发利用最主要的模式为工业-港口-城镇建设用地。从转出类别看，转出较多的利用类别包括未利用土地、未利用水域、盐田和养殖场，其中未利用土地转出方式主要为工业-港口-城镇建设用地、盐田和养殖场，未利用水域的主要转出方式为围堤内水域、

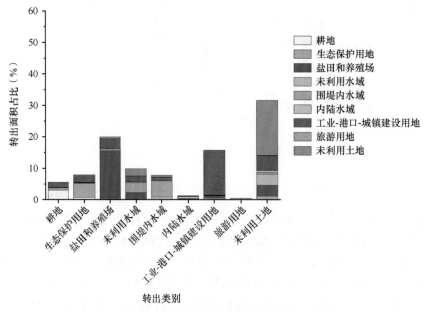

图 4-125　2010～2020 年环渤海地区滩涂利用模式转移

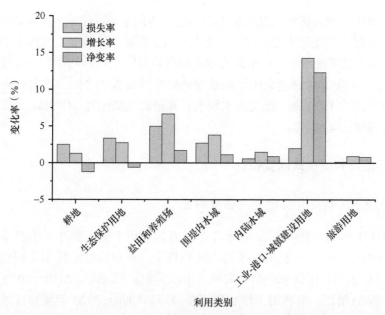

图 4-126　2010～2020 年环渤海地区各类滩涂利用模式变化率

工业-港口-城镇建设用地、盐田和养殖场。从变化率看，该时期工业-港口-城镇建设用地的净变率为 12.28%，远超其他类别。该时期耕地、生态保护用地、盐田和养殖场、围堤内水域均有部分土地转向工业-港口-城镇建设用地。

4.3.1.5　环渤海地区景观格局指数变化

1990～2020 年环渤海地区的景观格局指数变化如图 4-127 所示。从景观多样性指数看，区域内景观多样性先增加后趋于平稳。结合滩涂利用模式分布可以看出，近 30 年原来面积占比较大的未利用土地得到了不断开发利用，原来面积占比较小的工业-港口-城镇建设用地、盐田和养殖场等用地面积不断增加，区域内土地利用差异减小，景观更加多样和均衡。

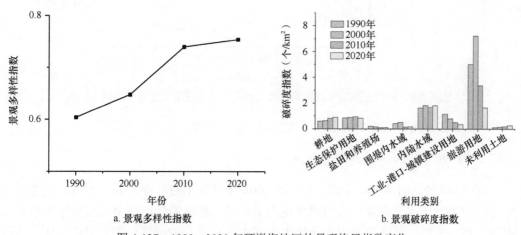

| a. 景观多样性指数 | b. 景观破碎度指数 |

图 4-127　1990～2020 年环渤海地区的景观格局指数变化

环渤海地区景观破碎度较高的是旅游用地、内陆水域、工业-港口-城镇建设用地。旅游用地的景观破碎度先增加后减小，受人为因素及泥沙减少等自然因素的影响，沙滩退化比较严重，破碎度增加，近年来的砂质海岸修复[91]使得沙滩面积和连续性增加，破碎度减小。工业-港口-城镇建设用地的景观破碎度降低约 71.35%。此外，未利用土地的景观破碎度增加约 137.41%，围堤内水域的景观破碎度降低约 54.32%，盐田和养殖场的景观破碎度降低约 47.40%。

4.3.2 江苏沿海利用模式演变特征

4.3.2.1 滩涂开发利用与自然冲淤强度对比

如图 4-128 所示，1990～2020 年江苏沿海未利用土地自然冲淤率整体上小于滩涂利用率。1990～2000 年未利用水域转出面积较小，未利用土地转出面积较大，2000～2010 年未利用土地转出面积剧增，未利用水域转出面积减小，2010～2020 年未利用水域转出面积略有增加，未利用土地转出面积减小。1990～2020 年滩涂自然冲刷率先增加后减小，自然淤积率先减小后增加，1990～2000 年、2010～2020 年未利用土地的自然冲刷率大于自然淤积率，2000～2010 年自然淤积率大于自然冲刷率，近 30 年来未利用土地自然累积面积远小于转出面积。

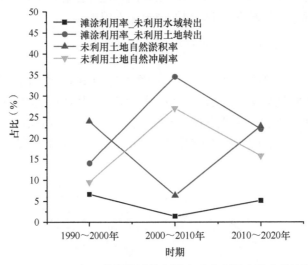

图 4-128 1990～2020 年江苏沿海滩涂利用率及未利用土地自然冲淤变化率

对此结果产生较大影响的是江苏实施的"海上苏东"的发展战略[92]。

4.3.2.2 1990～2000 年土地利用演变特征

如图 4-129、图 4-130 所示，1990～2000 年江苏沿海滩涂的开发利用模式主要为生态保护用地，土地来源以未利用土地为主。转出较多的土地利用类别包括未利用土地和未利用水域，其中未利用土地转出方式主要有未利用水域、生态保护用地，未利用水域的转出方式基本为未利用土地。从变化率看，该时期盐田和养殖场的净变率为

4.98%,工业-港口-城镇建设用地的净变率为 5.98%,生态保护用地的净变率为 17.37%。耕地面积减小,净变率为–1.61%,较多耕地转出土地类型为生态保护用地。

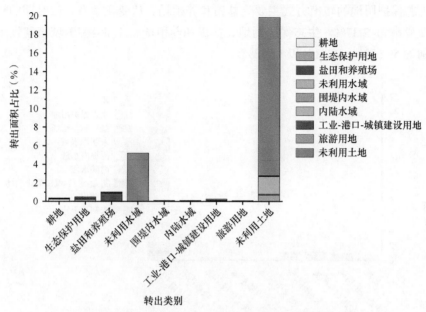

图 4-129　1990～2000 年江苏沿海滩涂利用模式转移

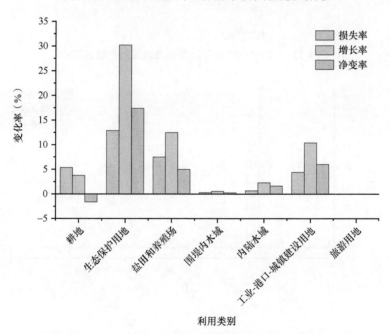

图 4-130　1990～2000 年江苏沿海各类滩涂利用模式变化率

4.3.2.3　2000～2010 年土地利用演变特征

如图 4-131、图 4-132 所示,2000～2010 年江苏沿海未利用土地和未利用水域等滩涂的开发利用模式主要为生态保护用地、盐田和养殖场、工业-港口-城镇建设用地三种类别。其中，盐田和养殖场、工业-港口-城镇建设用地面积增长较为迅速。从转出类别看，未利用土地转出方式主要有未利用水域、盐田和养殖场及工业-港口-城镇建设用地，生态保护用地的转出方式主要为盐田和养殖场。从变化率看，该时期的耕地面积减小，净变率为–2.37%，生态保护用地、盐田和养殖场、工业-港口-城镇建设用地的净变率分别为 59.69%、38.01%和 14.52%。

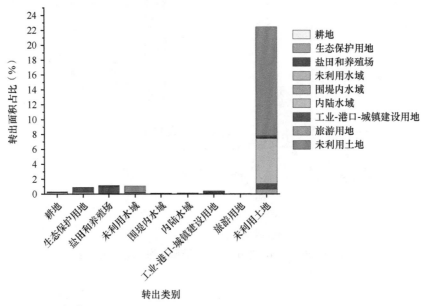

图 4-131　2000～2010 年江苏沿海滩涂利用模式转移

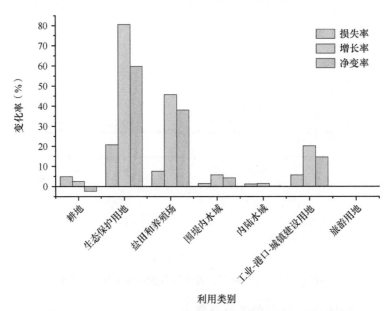

图 4-132　2000～2010 年江苏沿海各类滩涂利用模式变化率

4.3.2.4　2010～2020 年土地利用演变特征

如图 4-133、图 4-134 所示，2010～2020 年江苏沿海未利用土地和未利用水域等滩涂的开发利用方式多种多样，主要为生态保护用地、围堤内水域、盐田和养殖场以及工业-港口-城镇建设用地。从转出类别上看，转出较多的土地利用类别包括未利用土地、未利用水域、生态保护用地及盐田和养殖场。其中，未利用水域的主要转出方式为围堤内水域、盐田和养殖场，未利用土地转出方式主要为工业-港口-城镇建设用地、盐田和

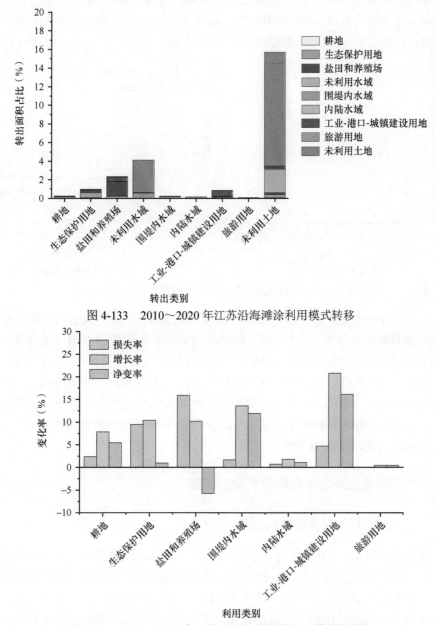

图 4-133　2010～2020 年江苏沿海滩涂利用模式转移

图 4-134　2010～2020 年江苏沿海各类滩涂利用模式变化率

养殖场及生态保护用地。从变化率看，该时期内耕地净变率为 5.49%，盐田和养殖场的损失率大于增长率，净变率为–5.70%，围堤内水域及工业-港口-城镇建设用地增长较多，净变率分别为 11.93% 和 16.14%。

4.3.2.5 江苏沿海景观格局指数变化

1990～2020 年江苏沿海的景观格局指数变化如图 4-135 所示。从景观多样性指数看，区域内景观多样性始终呈现增加趋势，且增加速率有较大程度的上升。结合土地利用空间分布来看，近 30 年未利用土地、未利用水域面积减小，区域内不同土地利用类型面积占比的差距减小，景观趋向于多样和平衡。

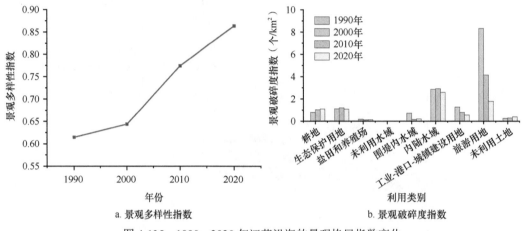

图 4-135 1990～2020 年江苏沿海的景观格局指数变化

从江苏沿海的景观破碎度指数来看，破碎度较高的是旅游用地、内陆水域及工业-港口-城镇建设用地。其中，工业-港口-城镇建设用地的景观破碎度指数呈现逐年下降的趋势，其破碎度降低了约 76.19%，内陆水域的景观破碎度指数变化不大，下降了 10.91%。其余景观破碎度指数均较小，但从变化幅度上看，变化幅度较大的围堤内水域的破碎度下降了约 451.06%，未利用土地破碎度增加了约 108.33%。此外，耕地的破碎度增加了 37.69%，生态保护用地的破碎度降低了 13.72%，盐田和养殖场的破碎度降低了 40.47%，旅游用地的破碎度降低了 28.50%。

4.3.3 浙江沿海及上海沿海利用模式演变特征

4.3.3.1 滩涂开发利用与自然冲淤强度对比

如图 4-136 所示，1990～2020 年浙江沿海及上海沿海滩涂利用率大于未利用土地自然冲淤率，在滩涂开发利用中，未利用水域转出面积较小，未利用土地转出面积较大，未利用土地的自然淤积率始终远大于未利用土地的自然冲刷率。从趋势上看，1990～2020 年未利用土地的转出面积呈现持续增加的趋势，未利用水域的转出面积先增加后减小，未利用土地自然淤积率先增加后减小，未利用土地自然冲刷率持续增加，近 30 年来未利用土地自然累积面积小于转出面积。

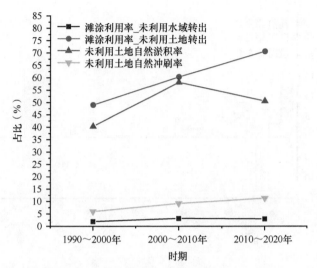

图 4-136　1990～2020 年浙江沿海及上海沿海滩涂利用率及未利用土地自然冲淤变化率

4.3.3.2　1990～2000 年土地利用演变特征

如图 4-137、图 4-138 所示，1990～2000 年浙江沿海及上海沿海滩涂的开发利用模式主要为工业-港口-城镇建设用地，土地来源包括耕地、生态保护用地、盐田和养殖场及未利用土地，以耕地为主。转出较多的土地利用类别包括耕地、未利用土地及未利用水域，其中未利用土地转出方式主要有生态保护用地及盐田和养殖场，未利用水域的转出方式主要有未利用土地、生态保护用地及内陆水域。从变化率看，工业-港口-城镇建

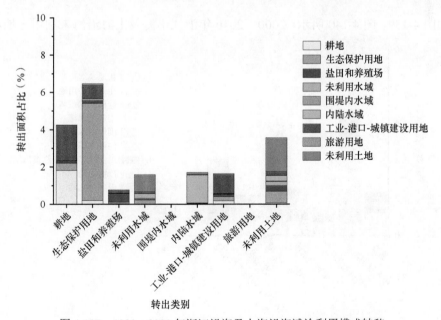

图 4-137　1990～2000 年浙江沿海及上海沿海滩涂利用模式转移

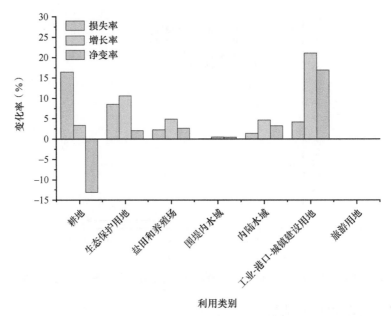

图 4-138　1990～2000 年浙江沿海及上海沿海各类滩涂利用模式变化率

设用地面积增长较多，净变率为 16.89%，而耕地面积净减小，净变率为 –13.08%，未利用土地转化去向主要为工业-港口和城镇建设用地及生态保护用地等，生态保护用地、盐田和养殖场及内陆水域的净变率分别为 2.02%、2.64% 及 3.24%。

4.3.3.3　2000～2010 年土地利用演变特征

　　如图 4-139、图 4-140 所示，2000～2010 年浙江沿海及上海沿海未利用土地和未利

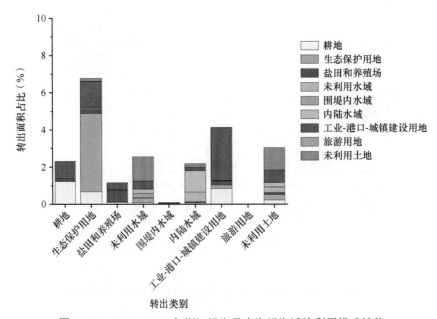

图 4-139　2000～2010 年浙江沿海及上海沿海滩涂利用模式转移

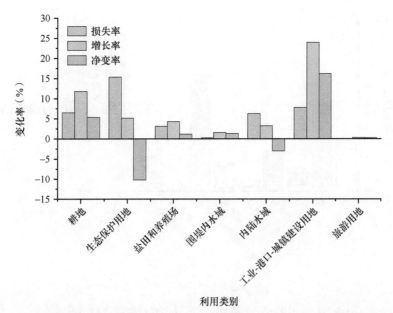

图 4-140　2000～2010 年浙江沿海及上海沿海各类滩涂利用模式变化率

用水域等滩涂的开发利用模式包括耕地、生态保护用地、围堤内水域、盐田和养殖场、工业-港口-城镇建设用地等多种类别，其中工业-港口-城镇建设用地的占比最大。工业-港口-城镇建设用地的来源也最为多样，面积增长迅速。从转出类别看，各种类别均有转出，未利用水域的转出方式主要为未利用土地、工业-港口-城镇建设用地及生态保护用地，未利用土地的转出方式主要为工业-港口-城镇建设用地、耕地及生态保护用地。从变化率看，该时期耕地及工业-港口-城镇建设用地面积增加较多，其净变率分别为 5.33% 和 16.18%，生态保护用地及内陆水域面积减小，其净变率分别为 −10.24% 和 −3.03%。该时期耕地、生态保护用地、盐田和养殖场、未利用水域、内陆水域、未利用土地均有部分土地转向工业-港口-城镇建设用地，城镇建设土地来源丰富。

4.3.3.4　2010～2020 年土地利用演变特征

如图 4-141、图 4-142 所示，2010～2020 年浙江沿海及上海沿海未利用土地和未利用水域等滩涂的开发利用最主要的方式为生态保护用地。从转出类别看，转出较多的土地利用类别包括未利用土地、未利用水域、工业-港口-城镇建设用地。其中，未利用土地转出方式主要为生态保护用地、耕地、工业-港口-城镇建设用地，未利用水域转出方式主要为未利用土地、内陆水域、生态保护用地、围堤内水域、工业-港口-城镇建设用地。从变化率看，该时期耕地的净变率为 19.35%，远超其他类别，该时期生态保护用地、盐田和养殖场、工业-港口-城镇建设用地均有部分土地转向耕地。工业-港口-城镇建设用地面积占比呈下降趋势，净变率为 −8.25%。

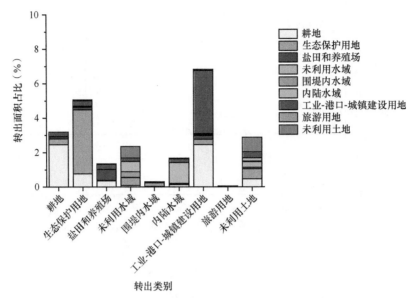

图 4-141 2010～2020 年浙江沿海及上海沿海滩涂利用模式转移

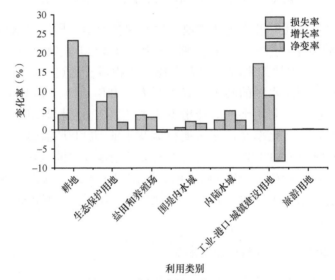

图 4-142 2010～2020 年浙江沿海及上海沿海各类滩涂利用模式变化率

4.3.3.5 浙江沿海及上海沿海景观格局整体变化

1990～2020 年浙江沿海及上海沿海的景观格局指数变化如图 4-143 所示。从浙江沿海及上海沿海的景观多样性指数来看，该区域的景观多样性先增加后小幅度减小。结合土地利用空间分布可以看出，1990～2010 年未利用土地面积大幅度减小，而耕地、工业-港口-城镇建设用地、盐田和养殖场等用地面积不断增长，土地利用差异减小，景观趋向于多样和均衡。2010～2020 年耕地与生态保护用地面积增加，盐田与养殖场面积减小，景观多样性呈现下降趋势。浙江沿海及上海沿海景观破碎度较高的是围堤内水域及旅游用地，且破碎度较高的年份主要集中在 1990 年及 2000 年。结合土地利用模式的时间变化来看，在这期间围堤内水域及旅游用地的占比非常小，非常破碎。从景观破碎度指数变化趋势来看，围堤内水域及旅游用地的破碎度有大幅度的降低，围堤内水域景观破碎度降低了 95.67%，旅游用地景观破碎度降低了 81.84%，说明近年来该类型的土地利用模式开始逐渐兴起，土地利用面积逐渐增加。此外，工业-港口-城镇建设的景观破碎度也大幅降低，降低了 71.08%，盐田和养殖场的景观破碎度降低了 24.65%，表明其分布更加均匀。耕地、生态保护用地、未利用水域、内陆水域、未利用土地的景观破碎度都有不同程度的增加。耕地的景观破碎度增加了 93.45%，生态保护用地的景观破碎度增加了 100.97%，未利用水域的景观破碎度增加了 52.64%，内陆水域的景观破碎度增加了 22.82%，未利用土地的景观破碎度增加了 61.95%，表明这些类型的土地利用分布更加破碎。

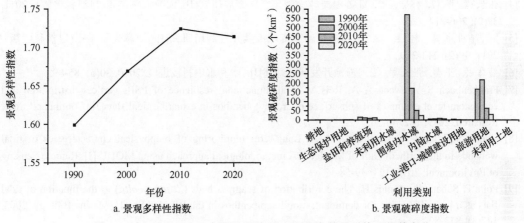

图 4-143 1990～2020 年浙江沿海及上海沿海的景观格局指数变化

参 考 文 献

[1] 张长宽, 陈欣迪. 海岸带滩涂资源的开发利用与保护研究进展[J]. 河海大学学报(自然科学版), 2016, 44(1): 25-33.

[2] 陆永军, 侯庆志, 陆彦, 等. 河口海岸滩涂开发治理与管理研究进展[J]. 水利水运工程学报, 2011, (4): 1-12.

[3] Balke T, Stock M, Jensen K, et al. A global analysis of the seaward salt marsh extent: the importance of tidal range[J]. Water Resources Research, 2016, 52(5): 3775-3786.

[4] 张长宽, 陈君, 林康, 等. 江苏沿海滩涂围垦空间布局研究[J]. 河海大学学报(自然科学版), 2011, 39(2): 206-212.

[5] 陈君, 张长宽, 林康, 等. 江苏沿海滩涂资源围垦开发利用研究[J]. 河海大学学报(自然科学版), 2011, 39(2): 213-219.

[6] 魏有兴, 王震, 张长宽. 沿海滩涂开发研究综述[J]. 水利水电科技进展, 2010, 30(5): 85-89.

[7] Frankenbach S, Azevedo A A, Reis V, et al. Functional resilience of PSII, vertical distribution and ecosystem-level estimates of subsurface microphytobenthos in estuarine tidal flats[J]. Continental Shelf Research, 2019, 182: 46-56.

[8] Ghosh S, Mishra D R, Gitelson A A. Long-term monitoring of biophysical characteristics of tidal wetlands in the northern Gulf of Mexico—A methodological approach using MODIS[J]. Remote Sensing of Environment, 2016, 173: 39-58.

[9] Polte P, Schanz A, Asmus H. The contribution of seagrass beds (*Zostera noltii*) to the function of tidal flats as a juvenile habitat for dominant, mobile epibenthos in the Wadden Sea[J]. Marine Biology, 2005, 147(3): 813-822.

[10] Temmerman S, Meire P, Bouma T J, et al. Ecosystem-based coastal defence in the face of global change[J]. Nature, 2013, 504(7478): 79-83.

[11] Murray N J, Phinn S R, Dewitt M, et al. The global distribution and trajectory of tidal flats[J]. Nature, 2019, 565(7738): 222-225.

[12] 侯西勇, 徐新良. 21 世纪初中国海岸带土地利用空间格局特征[J]. 地理研究, 2011, 30(8): 1370-1379.

[13] 毋亭, 侯西勇. 海岸线变化研究综述[J]. 生态学报, 2016, 36(4): 1170-1182.

[14] Passeri D L, Hagen S C, Medeiros S C, et al. The dynamic effects of sea level rise on low-gradient coastal landscapes: a review[J]. Earth's Future, 2015, 3(6): 159-181.

[15] Wang H J, Yang Z S, Saito Y, et al. Stepwise decreases of the Huanghe (Yellow River) sediment load (1950-2005): impacts of climate change and human activities[J]. Global and Planetary Change, 2007, 57(3-4): 331-354.

[16] Wei W, Tang Z H, Dai Z J, et al. Variations in tidal flats of the Changjiang (Yangtze) estuary during 1950s-2010s: future crisis and policy implication[J]. Ocean & Coastal Management, 2015, 108: 89-96.

[17] Wei W, Dai Z J, Mei X F, et al. Shoal morphodynamics of the Changjiang (Yangtze) estuary: influences from river damming, estuarine hydraulic engineering and reclamation projects[J]. Marine Geology, 2017, 386: 32-43.

[18] 朱锋, 秦恺. 中国海洋强国治理体系建设: 立足周边、放眼世界[J]. 中国海洋大学学报(社会科学版), 2019, (3): 8-10.

[19] 王少勇. 为建设海洋强国作出新贡献——访自然资源部海洋战略规划与经济司司长张占海[J]. 国土资源, 2019, (1): 12-15.

[20] 何书金, 李秀彬, 刘盛和. 环渤海地区滩涂资源特点与开发利用模式[J]. 地理科学进展, 2002, (1): 25-34.

[21] 徐向红. 江苏围涂开发与可持续发展[J]. 海洋开发与管理, 2004, 21(3): 59-63.

[22] 章志, 宋晓村, 邱宇, 等. 江苏沿海滩涂资源开发利用研究[J]. 海洋开发与管理, 2015, 32(3): 45-49.

[23] 刘毅, 彭秋伟. 新理念下浙江滩涂围垦发展的分析及对策[J]. 浙江水利水电学院学报, 2019, 31(1): 32-35.

[24] Hoeksema R J. Three stages in the history of land reclamation in the Netherlands[J]. Irrigation and Drainage, 2007, 56(S1): S113-S126.

[25] 刘姝. 中日韩三国沿海城市填海造地战略研究与分析[D]. 大连理工大学, 2013.

[26] 陈诚. 南通海岸带滩涂开发类型选择与空间功能配置研究[J]. 地理科学, 2017, 37(1): 138-147.

[27] 刘伟, 刘百桥. 我国围填海现状、问题及调控对策[J]. 广州环境科学, 2008, 23(2): 26-30.

[28] 李立华. 环渤海经济圈发展战略研究[J]. 宏观经济研究, 2004, (12): 38-42.

[29] 张旗, 钱青, 王二七, 等. 燕山中晚期的中国东部高原: 埃达克岩的启示[J]. 地质科学, 2001, (2): 248-255.

[30] 牛树银, 孙爱群, 马宝军, 等. 华北东部地幔热柱的特征与演化[J]. 中国地质, 2010, 37(4): 931-942.

[31] 万天丰. 中国大地构造学[M]. 北京: 地质出版社, 2011.

[32] 徐晓达, 曹志敏, 张志珣, 等. 渤海地貌类型及分布特征[J]. 海洋地质与第四纪地质, 2014, 34(6): 171-179.

[33] 孙晶, 刘长安, 刘玉安, 等. 辽东湾滨海湿地现状遥感调查[J]. 安徽农业科学, 2017, 45(8): 74-77.

[34] 张景奇. 辽东湾北岸岸线变迁与土地资源管理研究[D]. 长春: 东北师范大学, 2007.

[35] 王振国, 李少敏. 渤海湾海岸带遥感监测及时空变化[J]. 国土资源遥感, 2013, 25(2): 156-163.

[36] 徐芳. 近年来莱州湾湿地面积变化及其演变机制[D]. 青岛: 中国海洋大学, 2013.

[37] 张志欣, 乔方利, 郭景松, 等. 渤海南部沿岸水运移及渤黄海水体交换的季节变化[J]. 海洋科学进展, 2010, 28(2): 142-148.

[38] 方国洪, 王凯, 郭丰义, 等. 近 30 年渤海水文和气象状况的长期变化及其相互关系[J]. 海洋与湖沼, 2002, (5): 515-525.

[39] 童翠龙. 基于 FSA 的渤海冰期航行安全保障研究[D]. 大连: 大连海事大学, 2013.

[40] 孙晓明, 等. 环渤海地区地下水资源与环境地质调查评价[M]. 北京: 地质出版社, 2013.

[41] 肖洋, 张路, 张丽云, 等. 渤海沿岸湿地生物多样性变化特征[J]. 生态学报, 2018, 38(3): 909-916.

[42] 雷维蟠. 渤海湾典型湿地的水鸟迁徙与生境利用研究[D]. 北京: 北京师范大学, 2010.

[43] 栾青杉, 康元德, 王俊. 渤海浮游植物群落的长期变化(1959~2015)[J]. 渔业科学进展, 2018, 39(4): 9-18.

[44] 程裕淇. 中国区域地质概论[M]. 北京: 地质出版社, 1994.

[45] 孙竟雄. 江苏大地构造的几个问题[J]. 江苏地质, 1994, 18(2): 69-76.

[46] 李锦铁. 中朝地块与扬子地块碰撞的时限与方式——长江中下游地区震旦纪—侏罗纪沉积环境的演变[J]. 地质学报, 2001, 75(1): 27-36.

[47] 许志琴, 杨经绥, 嵇少丞, 等. 中国大陆构造及动力学若干问题的认识[J]. 地质学报, 2010, 84(1): 1-29.

[48] 蒋自巽, 梁海棠, 季子修. 江苏海洋开发的资源环境条件评述[J]. 长江流域资源与环境, 1997, (2): 37-41.

[49] 窦鸿身. 长江中下游三大湖泊滩地资源的基本特征及其开发利用[J]. 自然资源学报, 1991, (1): 34-44.

[50] 刘昉勋, 黄致远. 江苏省湖泊水生植被的研究[J]. 植物生态学与地植物学丛刊, 1984, (3): 207-216.

[51] 戴国梁. 长江口及其邻近水域底栖动物生态特点[J]. 水产学报, 1991, (2): 104-116.

[52] 姚建平. 洪泽湖自然资源的开发和利用[J]. 自然资源, 1994, (5): 25-30.

[53] 汤庚国, 李湘萍, 谢继步, 等. 江苏湿地植物的区系特征及其保护与利用[J]. 南京林业大学学报, 1997, (4): 49-54.

[54] 王云静, 刘茂松, 徐惠强, 等. 江苏自然湿地的生物多样性特点[J]. 南京大学学报(自然科学), 2002, 38(2): 173-181.

[55] 丁丽霞. 浙江省海涂土壤资源利用动态监测及其系统的设计与建立[D]. 杭州: 浙江大学, 2005.

[56] 徐琼慧. 岸线开发影响下的浙江省海岸类型及景观演化研究[D]. 宁波: 宁波大学, 2015.

[57] 余锡平. 浙江沿海及海岛综合开发战略研究[M]. 杭州: 浙江人民出版社, 2012.

[58] 周铭, 朱美虹. 浙江省滩涂资源开发利用综合绩效评价[J]. 浙江水利水电学院学报, 2015, 27(2): 32-36.

[59] Kumar L, Mutanga O. Google Earth Engine applications since inception: usage, trends, and potential[J]. Remote Sensing, 2018, 10: 1509.

[60] Gorelick N, Hancher M, Dixon M, et al. Google Earth Engine: planetary-scale geospatial analysis for everyone[J]. Remote Sensing of Environment, 2017, 202: 18-27.

[61] Mutanga O, Kumar L. Google Earth Engine applications[J]. Remote Sensing, 2019, 11(5): 591.

[62] Hansen M C, Potapov P V, Moore R, et al. High-resolution global maps of 21st-century forest cover change[J]. Science, 2013, 342(6160): 850-853.

[63] Masek J G, Wulder M A, Markham B, et al. Landsat 9: empowering open science and applications through continuity[J]. Remote Sensing of Environment, 2020, 248: 111968.

[64] USGS. Landsat 8 Surface Reflectance Code (LASRC) Product Guide[M]. Reston: USGS, 2019.

[65] Roy D P, Kovalskyy V, Zhang H K, et al. Characterization of Landsat-7 to Landsat-8 reflective wavelength and normalized difference vegetation index continuity[J]. Remote Sensing of Environment, 2016, 185(1): 57-70.

[66] Qiu S, Zhu Z, He B B. Fmask 4.0: improved cloud and cloud shadow detection in Landsats 4-8 and Sentinel-2 imagery[J]. Remote Sensing of Environment, 2019, 231: 111205.

[67] Riggs G A, Hall D K, Salomonson V V. A snow index for the Landsat thematic mapper and moderate resolution imaging spectroradiometer[C]. Proceedings of IGARSS '94-1994 IEEE International Geoscience and Remote Sensing Symposium, 1994, 4: 1942-1944.

[68] Bowker D E, Davis R E, Myrick D L, et al. Spectral Reflectances of Natural Targets for Use in Remote Sensing Studies[M]. Washington NASA, 1985.

[69] Mcfeeters S K. The use of the normalized difference water index (NDWI) in the delineation of open water features[J]. International Journal of Remote Sensing, 1996, 17(7): 1425-1432.

[70] Xu H Q. Modification of normalised difference water index (NDWI) to enhance open water features in remotely sensed imagery[J]. International Journal of Remote Sensing, 2006, 27(14): 3025-3033.

[71] Tucker C J. Red and photographic infrared linear combinations for monitoring vegetation[J]. Remote Sensing of Environment, 1979, 8(2): 127-150.

[72] Huete A, Didan K, Miura T, et al. Overview of the radiometric and biophysical performance of the MODIS vegetation indices[J]. Remote Sensing of Environment, 2002, 83(1-2): 195-213.

[73] Qi J, Chehbouni A, Huete A R, et al. A modified soil adjusted vegetation index[J]. Remote Sensing of Environment, 1994, 48(2): 119-126.

[74] Zha Y, Gao J, Ni S. Use of normalized difference built-up index in automatically mapping urban areas from TM imagery[J]. International Journal of Remote Sensing, 2003, 24(3): 583-594.

[75] 廖华军, 李国胜, 王少华, 等. 近 30 年苏北滨海滩涂湿地演变特征与空间格局[J]. 地理科学进展, 2014, 33(9): 1209-1217.

[76] Zou Z H, Dong J W, Menarguez M A, et al. Continued decrease of open surface water body area in Oklahoma during 1984-2015[J]. Science of the Total Environment, 2017, 595: 451-460.

[77] Wang X X, Xiao X M, Zou Z H, et al. Tracking annual changes of coastal tidal flats in China during 1986-2016 through analyses of Landsat images with Google Earth Engine[J]. Remote Sensing of

Environment, 2018, 238: 110987.

[78] Zou Z H, Xiao X M, Dong J W, et al. Annual and 33-year water body frequency maps of the contiguous US from 1984 to 2016[J]. 2018.

[79] Zou Z H, Xiao X M, Dong J W, et al. Divergent trends of open-surface water body area in the contiguous United States from 1984 to 2016[J]. Proceedings of the National Academy of Sciences, 2018, 115(15): 3810-3815.

[80] Donchyts G, Schellekens J, Winsemius H, et al. A 30 m resolution surface water mask including estimation of positional and thematic differences using Landsat 8, SRTM and OpenStreetMap: a case study in the Murray-Darling Basin, Australia[J]. Remote Sensing, 2016, 8(5): 386.

[81] Chen J, Ban Y, Li S. China: open access to Earth land-cover map[J]. Nature, 2015, 514(7523): 434.

[82] Dada O A, Li G X, Qiao L L, et al. Seasonal shoreline behaviours along the arcuate Niger Delta coast: complex interaction between fluvial and marine processes[J]. Continental Shelf Research, 2016, 122: 51-67.

[83] Al-Zubieri A, Ghandour I, Bantan R A, et al. Shoreline evolution between Al Lith and Ras Mahāsin on the Red Sea coast, Saudi Arabia using GIS and DSAS techniques[J]. Journal of the Indian Society of Remote Sensing, 2020, 48: 1455-1470.

[84] Setiabudi A R, Maryanto T I. Deteksi perubahan garis pantai di pesisir Kabupaten Karawang dengan aplikasi digital shoreline analysis system (DSAS)[J]. Reka Geomatika, 2018, (2): 42-50.

[85] Thieler E R, Himmelstoss E A, Zichichi J L, et al. The digital shoreline analysis system (DSAS) Version 4.0-An ArcGIS extension for calculating shoreline change[R]. US Geological Survey, 2009.

[86] 侯婉, 侯西勇. 考虑湿地精细分类的全球海岸带土地利用/覆盖遥感分类系统[J]. 热带地理, 2018, 38(6): 866-873.

[87] 邸向红, 侯西勇, 吴莉. 中国海岸带土地利用遥感分类系统研究[J]. 资源科学, 2014, 36(3): 463-472.

[88] Rawat J S, Kumar M. Monitoring land use/cover change using remote sensing and GIS techniques: a case study of Hawalbagh block, district Almora, Uttarakhand, India[J]. Egyptian Journal of Remote Sensing and Space Sciences, 2015, 18(1): 77-84.

[89] Weng Q. A remote sensing-GIS evaluation of urban expansion and its impact on surface temperature in the Zhujiang Delta, China[J]. International Journal of Remote Sensing, 2001, 22(10): 1999-2014.

[90] 蔡煜, 张蓝月, 陈阳, 等. 土地整治区域景观格局变化分析——以凯里市旁海镇为例[J]. 农业与技术, 2020, 40(13): 5-9.

[91] 王刚, 张甲波, 邱若峰, 等. 秦皇岛洋河—葡萄岛夷平砂质海岸人工养滩效果[J]. 海洋地质前沿, 2018, 34(6): 28-36.

[92] 章志, 宋晓村, 邱宇, 等. 江苏沿海滩涂资源开发利用研究[J]. 海洋开发与管理, 2015, 32(3): 45-49.

附 录

附录 A 精度验证混淆矩阵

附录 A.1 滩涂分布数据精度验证

附表 A.1 基于 P60 合成影像手动获取验证样本

1984~1986 年		实际类别			用户精度(%)
		水体	滩涂	其他	
验证样本	水体	93	7	0	93.00
	滩涂	2	97	1	97.00
	其他	2	7	91	91.00
制图精度（%）		95.88	87.39	98.91	

1987~1989 年		实际类别			用户精度（%）
		水体	滩涂	其他	
验证样本	水体	94	6	0	94.00
	滩涂	0	99	1	99.00
	其他	4	5	91	91.00
制图精度（%）		95.92	90.00	98.91	

1990~1992 年		实际类别			用户精度（%）
		水体	滩涂	其他	
验证样本	水体	96	4	0	96.00
	滩涂	4	95	1	95.00
	其他	5	6	89	89.00
制图精度（%）		91.43	90.48	98.89	

1993~1995 年		实际类别			用户精度（%）
		水体	滩涂	其他	
验证样本	水体	93	6	1	93.00
	滩涂	0	98	2	98.00
	其他	0	11	89	89.00
制图精度（%）		100.00	85.22	96.74	

1996~1998 年		实际类别			用户精度（%）
		水体	滩涂	其他	
验证样本	水体	93	5	2	93.00
	滩涂	2	98	0	98.00
	其他	0	3	97	97.00
制图精度（%）		97.89	92.45	97.98	

1999~2001 年		实际类别			用户精度（%）
		水体	滩涂	其他	
	水体	96	3	1	96.00
验证样本	滩涂	1	99	1	98.02
	其他	2	6	92	92.00
制图精度（%）		96.97	91.67	97.87	

2002~2004 年		实际类别			用户精度（%）
		水体	滩涂	其他	
	水体	97	2	1	97.00
验证样本	滩涂	4	95	1	95.00
	其他	5	6	89	89.00
制图精度（%）		91.51	92.23	97.80	

2005~2007 年		实际类别			用户精度（%）
		水体	滩涂	其他	
	水体	93	5	1	93.9
验证样本	滩涂	8	91	1	91.0
	其他	3	5	92	92.0
制图精度（%）		89.4	90.1	97.9	

2008~2010 年		实际类别			用户精度（%）
		水体	滩涂	其他	
	水体	97	2	0	98.0
验证样本	滩涂	9	90	1	90.0
	其他	1	2	97	97.0
制图精度（%）		90.7	95.7	99.0	

2011~2013 年		实际类别			用户精度（%）
		水体	滩涂	其他	
	水体	97	3	0	97.0
验证样本	滩涂	10	90	0	90.0
	其他	0	6	94	94.0
制图精度（%）		90.7	90.9	100.0	

2014~2016 年		实际类别			用户精度（%）
		水体	滩涂	其他	
	水体	99	0	1	99.0
验证样本	滩涂	10	85	5	85.0
	其他	0	0	100	100.0
制图精度（%）		90.8	100.0	94.3	

2017~2019 年		实际类别			用户精度（%）
		水体	滩涂	其他	
	水体	96	1	0	99.0
验证样本	滩涂	7	92	1	92.0
	其他	1	2	97	97.0
制图精度（%）		92.3	96.8	99.0	

附表 A.2　基于全球潮间带数据获取验证样本

1984~1986 年		实际类别		用户精度（%）
		其他	滩涂	
验证样本	其他	1878	259	87.88
	滩涂	143	720	83.43
制图精度（%）		92.92	73.54	

1987~1989 年		实际类别		用户精度（%）
		其他	滩涂	
验证样本	其他	1935	233	89.25
	滩涂	176	656	78.85
制图精度（%）		91.66	73.79	

1990~1992 年		实际类别		用户精度（%）
		其他	滩涂	
验证样本	其他	1984	191	91.22
	滩涂	157	668	80.97
制图精度（%）		92.67	77.76	

1993~1995 年		实际类别		用户精度（%）
		其他	滩涂	
验证样本	其他	1994	214	90.31
	滩涂	182	610	77.02
制图精度（%）		91.64	74.03	

1996~1998 年		实际类别		用户精度（%）
		其他	滩涂	
验证样本	其他	1937	166	92.11
	滩涂	191	706	78.71
制图精度（%）		91.02	80.96	

1999~2001 年		实际类别		用户精度（%）
		其他	滩涂	
验证样本	其他	1940	99	95.14
	滩涂	234	727	75.65
制图精度（%）		89.24	88.01	

2002~2004 年		实际类别		用户精度（%）
		其他	滩涂	
验证样本	其他	1970	93	95.49
	滩涂	258	742	74.20
制图精度（%）		88.42	88.86	

2005~2007 年		实际类别		用户精度（%）
		其他	滩涂	
验证样本	其他	1869	112	94.35
	滩涂	245	774	75.96
制图精度（%）		88.41	87.36	

2008~2010 年		实际类别		用户精度（%）
		其他	滩涂	
验证样本	其他	1850	117	94.05
	滩涂	260	773	74.83
制图精度（%）		87.68	86.85	

2011~2013 年		实际类别		用户精度（%）
		其他	滩涂	
验证样本	其他	1983	119	94.34
	滩涂	285	613	68.26
制图精度（%）		87.43	83.74	

2014~2016 年		实际类别		用户精度（%）
		其他	滩涂	
验证样本	其他	2207	85	96.29
	滩涂	275	433	61.16
制图精度（%）		88.92	83.59	

附录 A.2　土地覆盖分类精度验证

附表 A.3　分类结果的混淆矩阵

1990 年	实际类别							用户精度（%）
	耕地	林地	草地	水体	滩涂	建成区	裸地	
耕地	117	0	6	0	0	6	0	90.70
林地	0	63	1	0	0	1	0	96.92
草地	2	0	96	0	0	1	0	96.97
水体	0	0	0	86	1	1	0	97.73
滩涂	0	0	0	2	64	0	0	96.97
建成区	3	0	5	0	1	132	0	93.62
裸地	0	0	1	0	0	0	51	98.08
制图精度（%）	95.90	100.00	88.07	97.73	96.97	93.62	100.00	

2000 年	实际类别							用户精度（%）
	耕地	林地	草地	水体	滩涂	建成区	裸地	
耕地	117	0	1	0	0	3	0	96.69
林地	1	73	2	0	0	3	0	92.41
草地	6	0	60	0	0	2	1	86.96
水体	0	0	0	81	1	0	0	98.78
滩涂	0	0	0	1	90	0	1	97.83
建成区	4	1	4	0	0	94	0	91.26
裸地	0	0	2	0	0	0	45	95.74
制图精度（%）	91.41	98.65	86.96	98.78	98.90	92.16	95.74	

续表

2010 年	实际类别							用户精度（%）
	耕地	林地	草地	水体	滩涂	建成区	裸地	
耕地	79	0	0	0	0	0	0	100.00
林地	0	58	1	0	0	0	0	98.31
草地	1	0	66	0	0	1	0	97.06
水体	0	0	0	95	0	0	0	100.00
滩涂	0	0	0	0	74	0	0	100.00
建成区	1	0	1	0	2	140	0	97.22
裸地	0	0	1	0	0	1	38	95.00
制图精度（%）	97.53	100.00	95.65	100.00	97.37	98.59	100.00	

2020 年	实际类别							用户精度（%）
	耕地	林地	草地	水体	滩涂	建成区	裸地	
耕地	76	1	0	0	0	1	0	97.44
林地	1	57	1	0	0	1	0	95.00
草地	1	2	83	0	0	0	6	90.22
水体	0	0	0	59	0	0	0	100.00
滩涂	0	0	0	1	40	0	0	97.56
建成区	2	1	1	0	0	127	2	95.49
裸地	0	0	1	1	0	1	50	94.34
制图精度（%）	95.00	93.44	96.51	96.72	100.00	97.69	86.21	

附录 B 土地覆盖分类输入特征

附表 B.1 土地覆盖分类输入特征表

编号	原始波段	输入变量	编号	原始波段	输入变量
1	Blue	Blue_min	17		Green_p75
2		Blue_max	18		Green_p90
3		Blue_mean	19	Red	Red_min
4		Blue_stdDev	20		Red_max
5		Blue_p10	21		Red_mean
6		Blue_p25	22		Red_stdDev
7		Blue_p50	23		Red_p10
8		Blue_p75	24		Red_p25
9		Blue_p90	25		Red_p50
10	Green	Green_min	26		Red_p75
11		Green_max	27		Red_p90
12		Green_mean	28	NIR	NIR_min
13		Green_stdDev	29		NIR_max
14		Green_p10	30		NIR_mean
15		Green_p25	31		NIR_stdDev
16		Green_p50	32		NIR_p10

编号	原始波段	输入变量	编号	原始波段	输入变量
33		NIR_p25	73		MSAVI_p25
34		NIR_p50	74		MSAVI_p50
35		NIR_p75	75		MSAVI_p75
36		NIR_p90	76		MSAVI_p90
37	SWIR1	SWIR1_min	77		MSAVI_intM1025
38		SWIR1_max	78		MSAVI_intM2550
39		SWIR1_mean	79		MSAVI_intM5075
40		SWIR1_stdDev	80		MSAVI_intM7590
41		SWIR1_p10	81	NDVI	NDVI_min
42		SWIR1_p25	82		NDVI_max
43		SWIR1_p50	83		NDVI_mean
44		SWIR1_p75	84		NDVI_stdDev
45		SWIR1_p90	85		NDVI_p10
46	SWIR2	SWIR2_min	86		NDVI_p25
47		SWIR2_max	87		NDVI_p50
48		SWIR2_mean	88		NDVI_p75
49		SWIR2_stdDev	89		NDVI_p90
50		SWIR2_p10	90		NDVI_intM1025
51		SWIR2_p25	91		NDVI_intM2550
52		SWIR2_p50	92		NDVI_intM5075
53		SWIR2_p75	93		NDVI_intM7590
54		SWIR2_p90	94	NDWI	NDWI_min
55	EVI	EVI_min	95		NDWI_max
56		EVI_max	96		NDWI_mean
57		EVI_mean	97		NDWI_stdDev
58		EVI_stdDev	98		NDWI_p10
59		EVI_p10	99		NDWI_p25
60		EVI_p25	100		NDWI_p50
61		EVI_p50	101		NDWI_p75
62		EVI_p75	102		NDWI_p90
63		EVI_p90	103		NDWI_intM1025
64		EVI_intM1025	104		NDWI_intM2550
65		EVI_intM2550	105		NDWI_intM5075
66		EVI_intM5075	106		NDWI_intM7590
67		EVI_intM7590	107	MNDWI	MNDWI_min
68	MSAVI	MSAVI_min	108		MNDWI_max
69		MSAVI_max	109		MNDWI_mean
70		MSAVI_mean	110		MNDWI_stdDev
71		MSAVI_stdDev	111		MNDWI_p10
72		MSAVI_p10	112		MNDWI_p25

编号	原始波段	输入变量	编号	原始波段	输入变量
113		MNDWI_p50	125		NDBI_p25
114		MNDWI_p75	126		NDBI_p50
115		MNDWI_p90	127		NDBI_p75
116		MNDWI_intM1025	128		NDBI_p90
117		MNDWI_intM2550	129		NDBI_intM1025
118		MNDWI_intM5075	130		NDBI_intM2550
119		MNDWI_intM7590	131		NDBI_intM5075
120	NDBI	NDBI_min	132		NDBI_intM7590
121		NDBI_max		其他数据	
122		NDBI_mean	133	ETOPO1	bedrock
123		NDBI_stdDev	134	VIIRS（2012-2020）或 DMSP OLS（1992-2014）	avg_rad
124		NDBI_p10			